為什麼1L鮮奶實際上只有946ml？

文系もハマる数学

用數學解開日常生活中的種種謎團

Yokoyama Asuki
橫山明日希——著
胡毓華——譯

前言 ～原來數學離我們這麼近，而且還這麼有趣！～

「要是再早一點知道就好了。」

目前為止，我在全國各地舉辦的數學&算術演講，累計約有數千人參加，而我每一次都會聽到有人說這句話。

我認為這句話包含了以下幾種意思：

（直到聽了這場演講，我才知道原來數學這麼有趣。）

（我以前都不曉得學習數學的意義何在，好像對身旁的事情沒有任何幫助。）

（我以前上學的時候很討厭數學，現在覺得自己好像終於克服了。）

（要是我早一點愛上數學的話，也許就能學會用數學的方式思考。）

會有這些心聲的人，基本上都是數學不好的人。

而這本書所收錄的數學相關內容，就連數學不好的人也會迷上。

有人覺得數學很困難，有人則不這麼認為，其中的差異只有一點。

那就是有沒有「恍然大悟」的體驗。僅此而已。

這跟成績好壞、計算速度等等完全沒有關係。

至今為止，我以「數學哥哥」的身分舉辦許多活動來推廣數學的有趣之處。在這些活動當中，不論是大人還是小孩，我都能看見他們迷上數學的那一瞬間。

只要有過「一點就通，好像打通任督二脈」、「恍然大悟的感動」的經驗，任何人都會一頭栽進數學的世界，沉迷其中，也了解數學的魅力所在。

為了讓更多人都能夠擁有這樣的經驗，我從至今為止碰過的數學問題中，精選出幾個我覺得特別有趣的內容，並且收錄在這本書中。

○實際測量1ℓ的鮮奶，結果只有950mℓ！？
○假設老鼠每個月都增加7倍，那麼不到一年就會超過數百億隻！？
○透過「準確率99%的傳染病檢查」進行大規模檢查，會發生什麼事？
○假設一生會跟10個對象交往，從第4個對象以後選擇結婚對象是最佳做法？
○3個人以上的對話為什麼會難以進行？

……諸如此類。從眾人津津樂道的話題，到鮮為人知的問題，我都會一一介紹。
另外，閱讀這本書的時候，讀者想從任何一節開始閱讀都沒問題。
倘若各位透過這本書，多少獲得一些「迷上數學」的體驗，對於我這個數學哥哥而言，就是最開心的事情了。

2020年8月

數學哥哥　橫山明日希

◇目錄

第1章

用數學解答生活中的不可思議現象

第II章

透過數學看見世界的另一面

第Ⅲ章

學到等於賺到的數學

第Ⅳ章

能用於人際交流的數學

第V章

讓人忍不住想試一試的數學

第VI章

想通就會迷上的數學

第1章
用數學解答生活中的不可思議現象

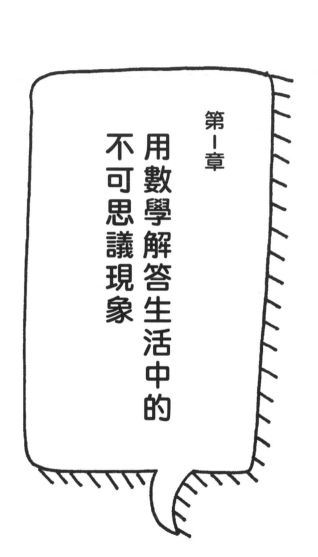

形狀是三角形，卻擁有跟圓形一樣的性質!?

「圓形」與「三角形」的掃地機器人，哪一種比較好？

▼有三角形的掃地機器人？

21世紀是「未來」的代名詞，至今也已過了20年的歲月。環視自己的日常生活，你覺得進入21世紀以後改變最大的事物是什麼呢？

讓人有感時代進步的事物之一，就是機器人的普及。日本在2000年發表了人型機器人「ASIMO」（本田技研工業），這款機器人自然流暢的動作感動了許多人，也讓世人預感機器人將在不久的未來成為人類日常生活的夥伴。不過，世人所預期的未來已經意外地以不同的形式提早到來。那就是「掃地機器人」的問世。

2000年代，歐美國家開發的掃地機器人陸續進口到日本，如今「4K／8K電視機」、「冰箱」、「掃地機器人」已躋身為「令和時代的家電3大神器」（Panasonic調查）。美

掃地機器人「RULO」

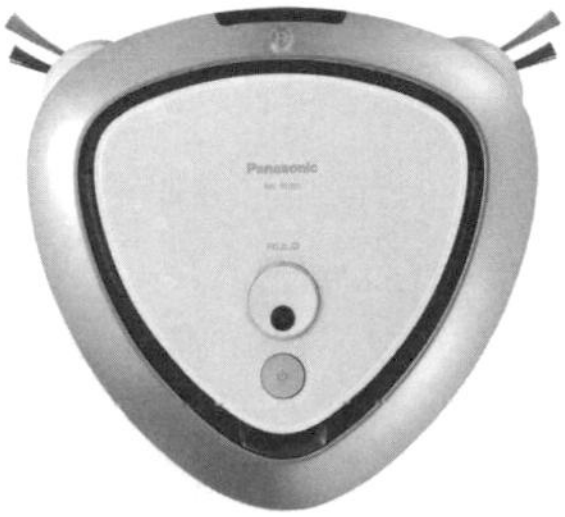

照片提供：Panasonic

國廠商製造的掃地機器人「Roomba」（iRobot）自從問世以來便大受歡迎，並帶給世人「掃地機器人＝圓形」的印象，然而隨著各家品牌的開發，現在的掃地機器人已經有各種不同的形狀。

其中，我最感興趣的就是2015年發表的日本製掃地機器人「RULO」（Panasonic）。這台掃地機器人的名稱「RULO」以及帶著圓弧的三角形，深深吸引了我這個數學家的目光。

「RULO」的發音近似「Reuleaux」，而「Reuleaux」是數學上的專有名詞，擁有圓弧曲線的三角形就稱為**「勒洛三角形（Reuleaux triangle）」**。勒洛三角形的形狀如圖1所示。

▼勒洛三角形的厲害之處？

勒洛三角形具有與圓形類似的特徵。我們用圖片來看會更清楚。

圓形具備**「從哪個方向測量的寬度都一樣」**的特徵，這種圖形在數學上稱為**「恆寬曲線」**。而勒洛三角形其實就是具有這種特徵的圖形之一。換句話說，勒洛三角形跟圓形一樣，**「不管怎麼轉動依舊可以維持同樣的高度」**。

用正方形緊緊框住圓形，圓形再怎麼轉動還是不會超過正方形的四邊，那麼其他圖形呢？如果是三角形與正方形的話，最高點便會因為圖形方向的不同而忽高忽低。因此，當正方形或三角形被正方形緊緊框住時，就無法順利轉動。而勒洛三角形屬於恆寬曲線，因此在正方形裡轉動是沒問題的（圖2）。

附帶一提，恆寬曲線除了勒洛三角形以外，還有「勒洛五角形」、「勒洛七角形」等等的「勒洛多角形」。英國所使用的硬幣就是勒洛七角形（圖3）。

接著，我們再來看圓形與勒洛三角形的差異。請各位注意圓形與勒洛三角形在正方形裡

圖 1　勒洛三角形的繪製方式

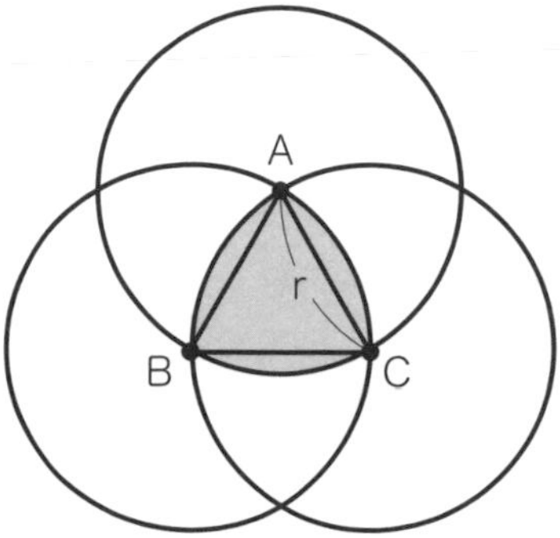

①畫出一個邊長皆為r的正三角形ABC。
②分別以三角形的頂點A、B、C畫出半徑為r的圓形。
③連接個頂點的圓弧所圍起來的範圍，就是「勒洛三角形」。

圖 2　用正方形緊密框住的各個圖形

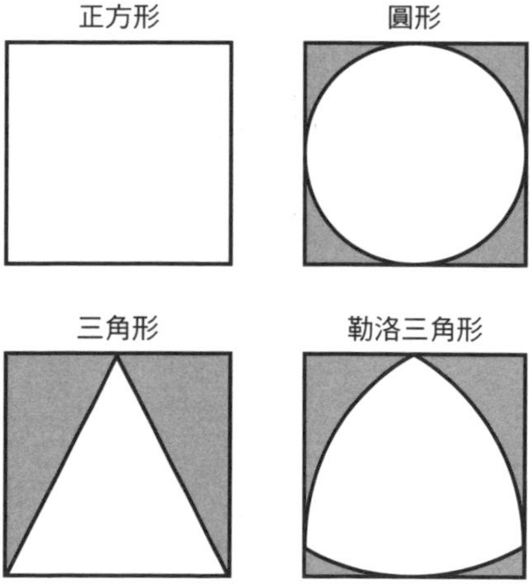

轉動時與正方形之間的空隙（圖4）。圓形在轉動時，與正方形之間的空隙恆為不變，而勒洛三角形則會縮減一些空隙。

我們就把正方形的空白處想像成是房間的角落吧。勒洛三角形的掃地機器人在打掃房間的角落時，能夠掃到的區域會比圓形的掃地機器人更多。這樣我們就不難發現三角形掃地機器人的設計，確實巧妙地發揮了勒洛三角形具備的恆寬曲線特質。

能深入房間角落清掃的掃地機器人「RULO」。

照片提供：Panasonic

數學是發明上不可或缺的要素。我想，今後也有更多這種的數學概念被靈活運用在各種發想、設計、功能等等。對於數學抱持興趣不僅可以解答日常生活中的各種「不可思議」，也能幫助我們理解這些不可思議的事物「為何便利」。

圖 3　英磅的 20 便士硬幣與 50 便士硬幣

皆為勒洛七角形，可以滾動，
因此也能用在自動販賣機。

圖 4　旋轉的圓形與勒洛三角形

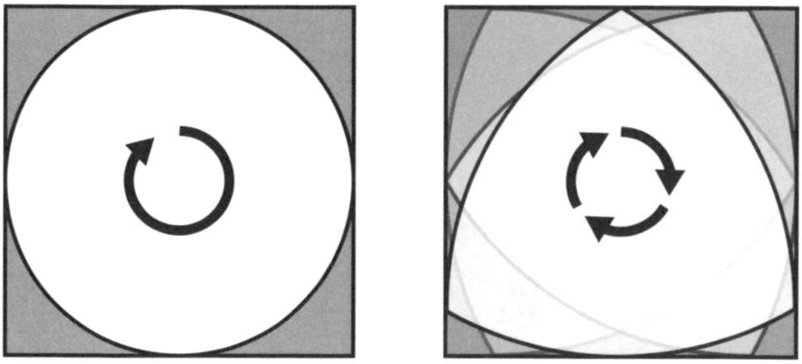

即使用正方形緊緊框住圓形與勒洛三角形，這兩個圖形還是可以在正方形裡轉動，而且勒洛三角形甚至更能深入正方形的角落。

人孔蓋之所以做成圓形，不只是「因為不會掉進洞裡」!?

▼為什麼人孔蓋要做成圓形？

前面說明了圓形與勒洛三角形都屬於「恆寬曲線」，而且具備的恆寬曲線特質的圓形，其實也被運用在生活的各方面。

我們就以人孔蓋為例吧。你是否曾經思考過為什麼人孔蓋要做成圓形？這是因為恆寬曲線具備「不管從哪個方向測量的寬度都一樣」的特質，最適合人孔蓋的形狀。

圓形的人孔蓋不管從哪個方向都可以放進地上的圓洞，而且也不會因為搞錯擺放的方向，就讓人孔蓋不慎落入洞裡，造成危險。換成其他形狀的人孔蓋，可能就會因為人孔蓋與人孔的方向不一致，導致人孔蓋不慎落入人孔（圖1）。勒洛多角形的人孔蓋也不會發生不慎滑落的情況，但在製造加工上較為費時費力。圓形人孔蓋不僅加工容易，而且安全性高，因此是最適合的形狀。

街道上的人孔

人孔蓋做成不易滑落的圓形。

圖 1　寬度隨方向改變的圖形

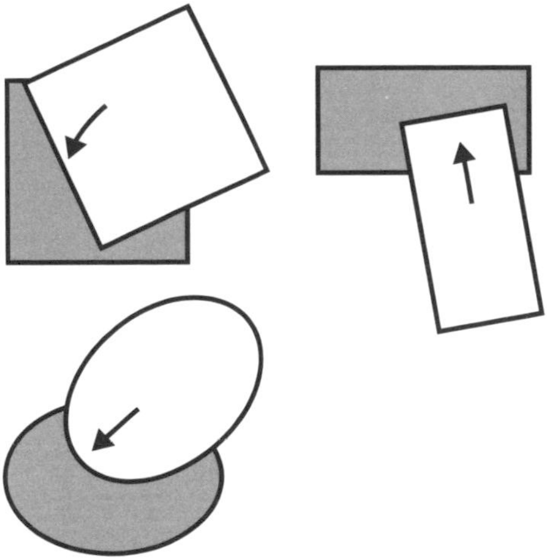

▼圓形人孔蓋的方便之處

另外，以鋼鐵製成的人孔蓋非常堅固，但每一塊的重量大約落在40 kg左右，不容小覷。做成圓形的話，我們就可以讓人孔蓋「滾動」。不管在生產製造，還是進行工程作業，圓形具備的這項特質（可滾動＝方便移動）都是一大優勢。

我們在前面說明過，恆寬曲線的圖形可以在緊密切合的正方形裡轉動，換個方式講，其實就是「可以在保持同樣的高度下進行轉動並移動」。這一點勒洛三角形而言也是一樣，不過有一點與圓形不同，那就是轉動時的重心位置。圓形轉動時的重心會一直維持在中心點（圖2），而勒洛三角形移動時所形成的重心軌跡則像波浪一樣（圖3）。

假設用勒洛三角形製造車輪，由於車輪的重心位置會不停地上下改變，轉動時就會產生顛簸感，用勒洛三角形的車輪來運載物品、載客時，就不是那麼地穩定。

圓形之所以成為「移動物品的手段」，並廣泛地運用在各個方面，包括自行車、汽車、火車等等，正是因為圓形在數學上具備了轉動時重心位置不變的「便利性」。

圖 2　圓形的重心移動

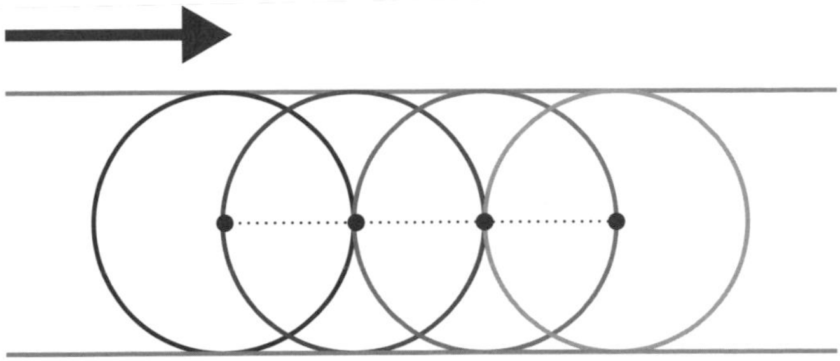

圖 3　勒洛三角形的重心移動

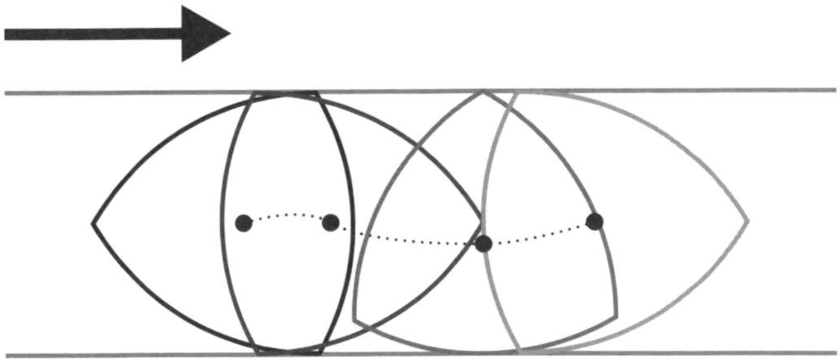

計算「單位」與膨脹體積

實際測量1ℓ的鮮乳，結果只有950㎖？

▼一杯啤酒大概有多少？

日本人到了居酒屋，通常一坐下來就會說：「先來杯啤酒吧，我要中杯生啤酒！」而且應該大部分的人連菜單都還沒瞧上一眼，就直接這麼點餐。每次我問到這個「中杯生啤酒」究竟是「多少㎖」，答案都會讓我覺得很模稜兩可。難道就沒有明確的基準嗎？

網路上對於「中杯生啤酒的問題」也掀起了一番討論，實際上也有人真的跑到居酒屋點中杯生啤酒來測量實際的容量。結果發現每一間的容量都不一樣，就連啤酒的泡沫量也有差異。其中也出現讓震驚的調查結果，例如：「小杯生啤酒」居然比「中杯生啤酒」還要多。

如果是罐裝啤酒的話就不會有這個問題，因為罐裝啤酒都是在工廠填充，每一罐都會保持正確一致的容量。但提到罐裝啤酒，我就又有新的疑問。500㎖的罐裝啤酒看起來就是個完美的整數，但為什麼小罐的啤酒要做成350㎖呢？

這是因為日本的啤酒罐從前就是使用美國進口的製罐機械所生產的。美制的鐵鋁罐容量都是16盎司（≒473・18㎖）與12盎司（≒354・88㎖），而日本的容量單位使用㎖，因此便選擇接近美制規格且為整數的容量。

關於美制容器規格根深蒂固於日本的其他生活案例，還有沖繩的紙製牛奶盒。沖繩當地製造的大罐紙盒包裝牛奶，上頭的標示就是「946㎖」。那為什麼沖繩地區的牛奶包裝要使用一個不上不下的數字呢？其實這是也是因為受到美制容量單位的影響。美國使用的液體容量單位為**「加侖」（1加侖≒3・79㎖）**。

而沖繩地方取1／4加侖為1ℓ的近似值，1／4加侖是0・946ℓ也就是946㎖。取近似值當作牛奶盒容量的作法一直沿用至今，難怪會標示946㎖。那我心裡的疑問就此結束了嗎？不不不，還有一個問題讓我更加疑惑。

▼牛奶盒的尺寸與容量的神奇之處

我很懷疑標示1ℓ的牛奶盒是否真的裝著1ℓ的牛奶，為了解決這個疑惑，於是我實際測量牛奶盒的底邊與高度。根據測量結果，確認三邊的長度為70×70×194（㎜），計算後得到的體積是950・6㎤。既然1000㎤＝1ℓ，那就奇怪了，商品明明就標示1ℓ，實際上卻少了50㎖。而會出現這樣的落差，其實是因為「紙盒」隱藏的特質所致。牛奶裝進牛奶紙盒裡以後，本身的重量會把紙盒的四邊往外撐。我們可以想像一下紙盒斷面的模樣，其實形狀是介於正方形與圓形之間。不過就算這樣，紙盒的長寬也不可能被拉長，所以這個斷面的周長和原來還是一樣的。我們以實際的數字來看吧。如圖所示，假設正方形、正三角形、圓形的周長皆為12πcm，並比較各自的面積。計算結果明確地顯示這三個圖形的周長雖然一樣，但面積卻有相當大的落差。以同樣周長的不同圖形進行比較，圓形的面積是最大的。因此，即使該立方體的容器計算起來只有950㎖的容積，但因為填充鮮奶而造成容器向外撐開，還是有可能容納入1ℓ的容量。

在日常生活中，我們在使用那些「順手」、「好用」的物品時，或許都沒想過那麼多，但有時突如其來的疑惑，就會讓我們發現一些意想不到的事實，以及獲得數理上的理解。這麼說來，有些事物雖然常常令我覺得「心裡頭有些疙瘩」，但那肯定不是壞事。

圖　周長為12 π cm時的面積大小

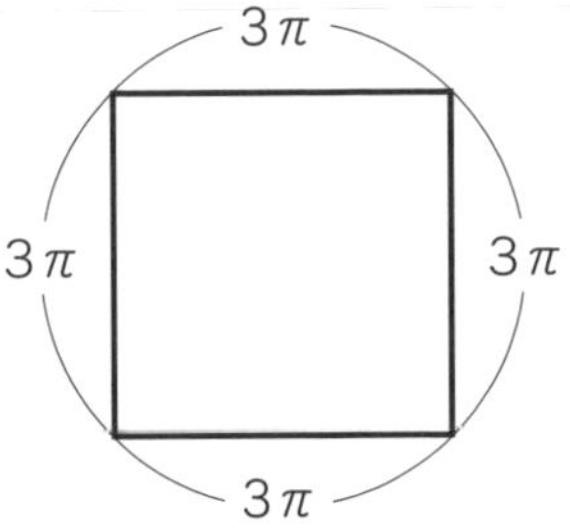

正方形面積

$3\pi \times 3\pi$

$= 9\pi^2$

$\fallingdotseq 88.8$ (cm²)

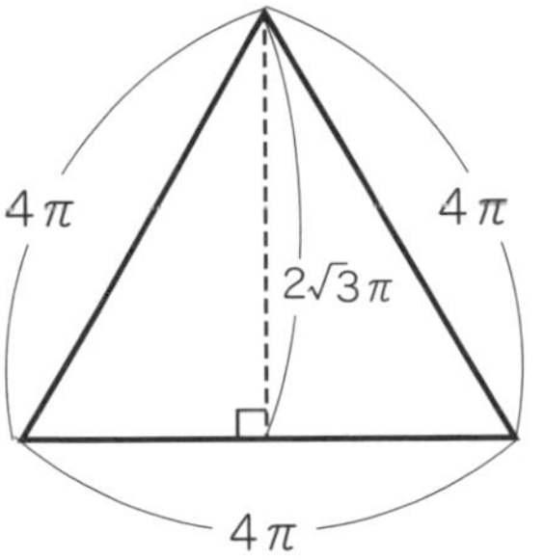

正三角形面積

$4\pi \times 2\sqrt{3}\pi \times \frac{1}{2}$

$= 4\sqrt{3}\pi^2$

$\fallingdotseq 68.4$ (cm²)

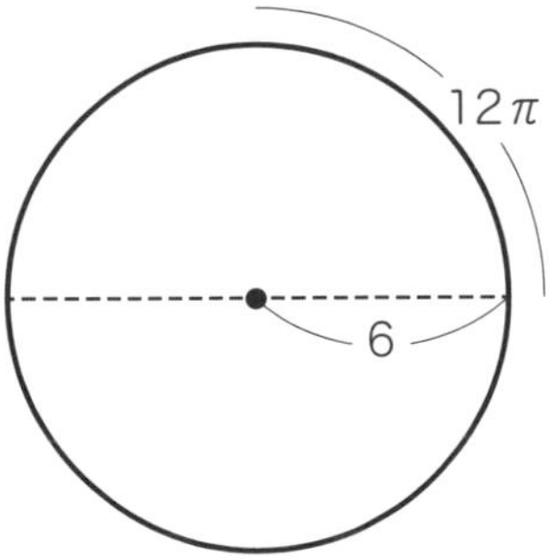

圓形面積

$6 \times 6 \times \pi$

$= 36\pi$

$\fallingdotseq 113.1$ (cm²)

為什麼影印的縮放倍率那麼奇怪？

▼A版的紙張對折後的大小是？

紙張的尺寸有A版與B版。**「A0」（841×1189㎜）與「B0」（1030×1456㎜）的尺寸都稱為「全開」**，而這兩種版型的紙張每對摺一次，英文字後面的數字就會多加1。我們用手邊的紙張尺寸來確認看看吧，假如您手邊有「A3」尺寸的影印紙，就請使用這張紙來實際確認。

A3對摺之後面積會減半，而形狀不變（常邊與短邊的長度比例），變成了A4（圖1）。這真的是一件很神奇的事情。如果是正方形的話，對摺後的形狀就會改變，變成了長方形。

而A3對摺之後能夠保持形狀不變，是因為A版的紙都是所謂的「相似形」，也就是即使改變尺寸，還是會維持相同的長短邊比例。B版的紙也是一樣（圖2）。原來A版與B

圖 1　紙張怎麼對摺，邊長比例皆為 1：√2

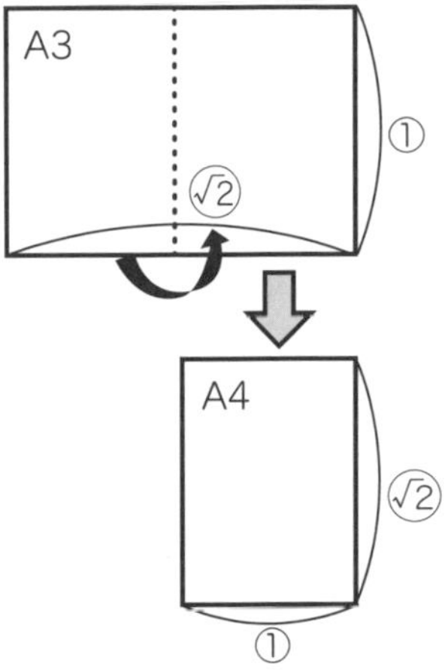

圖 2　白銀比例的 A 版與 B 版

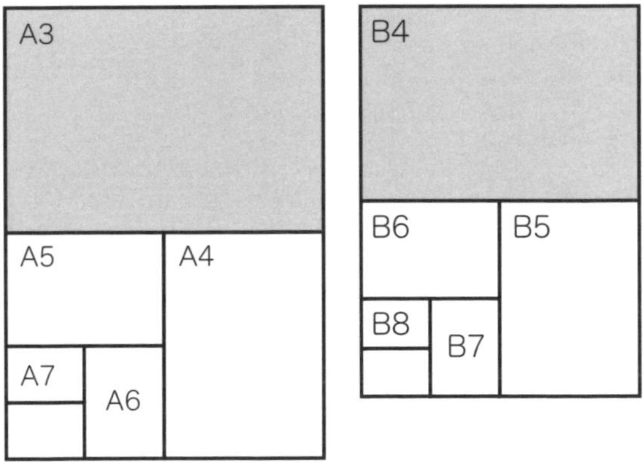

版的紙隱藏著這麼不可思議的比例，而這種比例就稱為**「白銀比例」**，**長短邊的比例恆為1比$\sqrt{2}$**。具有這樣比例的圖形，別名又稱為**「根號矩形」**。

▼B版的尺寸源自於日本的傳統？

為什麼紙的尺寸要採用這種**「一直對摺也不會改變的比例」**呢？其實這是因為後來製紙的過程工業化，可以大量生產「全開」尺寸的紙，人們便將紙張的尺寸標準化。這樣在生產其他尺寸的紙張時，就可以直接使用全開的紙進行切割，還不會造成餘料。

當然，人類在工業化之前就已經開始製造各種用紙。而這些用紙當中，就存在著歷經長久歲月才摸索出的尺寸感與美感比例。

B版就是以日本傳統文化為背景所誕生的尺寸。「**美濃和紙**」是日本自奈良時代堅持以傳統的手工抄紙方法所生產的紙，據說**B版便是根據白銀比例做成與「美濃和紙」相近的尺寸**。日本有了對應到洋裝本與和裝本的A版紙與B版紙，因此在決定B版的尺寸時不只要考慮邊長的比例，也考慮到A版與B版之間的關係。最後，便決定將**B版紙張的面積訂為**

A版面積的1.5倍。A0的面積約為1㎡，而B0的面積則約為1.5㎡。同樣地，B4的面積也是A4的1.5倍。

請各位回想一下使用辦公室或超商的影印機進行縮放時的樣子。我們要將同版型的紙張放大一個尺寸，例如：A4放大到A3，這時邊長就要放大$\sqrt{2}$倍，也就是放大到$\sqrt{2}$的近似值1.41倍。使用影印機將「A4→A3」、「B5→B4」時要選擇放大「141%」就是因為這個緣故。所以其實我們的日常生活一直都與白銀比例有所接觸。相反地，當我們要把同版型的紙縮小一個尺寸的時候，就要「乘以$\sqrt{2}$的一半」，也就是0.71倍，所以使用影印機時就要選擇「71%」。

而要把A版放大或縮小成B版的時候，則要使用面積比例，也就是1.5倍。例如：「A4→B4」或「A5→B5」，邊長都要乘以$\sqrt{1.5}$倍。$\sqrt{1.5}$大約是1.22，所以影印機上面的選項就是「122%」。

我們在操縱影印機的時候，影印機就是根據這樣的根號計算，幫我們正確地進行A版與B版的縮放。※每一台影印機的縮放比例會因為製造商的規格不同而有些微差異。

新幹線的座位分為雙人座與三人座的數學理由是？

各位在網路上購買新幹線的對號座車票時，有沒有什麼煩惱的事情呢？有一件事情讓我困擾了許久，那就是為什麼「新幹線的座位要分為雙人座與三人座」呢？

這時我想到了一句話，那就是「出外靠朋友」。獨自搭車時，所有的空位都可以選，要選哪個座位就看個人喜好。要是遇上尖峰時段，說不定還會覺得只要有位置可以坐，哪個座位都不是問題。

不過，要是2個人以上一起搭車呢？選擇座位時可能就會考慮「不想分開坐」、「不想要2人中間坐一個陌生人」等等。而解決這些煩惱的方式，其實就隱藏在「雙人座與三人座」的座位分配之中。

其實只要使用算式就能解答這個疑惑，但我這裡想用更簡單明瞭的**「條件列舉」**來說明。

圖1　2排與3排的情況

(○○　○○○)
2人 (●●　○○○)
3人 (○○　●●●)
4人 (●●　○○○)
(●●　○○○)
5人 (●●　●●●)
6人 (○○　●●●)
(○○　●●●)

圖2　2排與4排的情況

(○○　○○○○)
2人 (●●　○○○○)
3人 (○○　○●●●)
4人 (●●　○○○○)
(●●　○○○○)
5人 (○●　●●●●)
6人 (●●　●●●●)

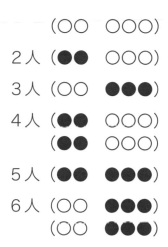

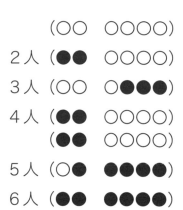

圖3　3排與3排的情況

（○○○　○○○）

2人（●●○　○○○）

3人（●●●　○○○）

4人（●●○　○○○）
（●●○　○○○）

5人（●●●　○○○）
（●●○　○○○）

6人（●●●　●●●）

我們來驗證不同的新幹線座位分配「分別可以坐幾個人」（圖1～3）。

用這樣的方式來看，就可以知道2排與3排的座位組合「即使遇上了各種不同的人數，也能確保同行旅客都能坐在附近」。

透過這種2排與3排的座位組合，就可以完美達到「出外靠朋友」的座位選擇，為「新幹線之旅」打造出一個適合創造美好回憶的環境。

愈看愈有趣的「二次函數」

拋物面天線的形狀是二次函數？

▼二次函數的圖形稱為「拋物線」……

這裡要來介紹使用生活中常見的物品就能確認數學要素的例子。

我們在高中都學過二次函數，請問各位可以說明何謂二次函數嗎？舉例來說，下列的方程式就是所謂的二次函數。出現這種「x的幾次方」的文字時，是不是就有許多人開始感到有些複雜，覺得自己「數學不太好」呢？

用下列的式1與式2畫成的圖形即為圖1，我們將這樣的圖形稱為**「拋物線」**。那我們要怎麼說明何謂拋物線呢？沒錯，顧名思義就是「把東西拋出去時形成的線」。想像一下把一顆球往前拋時形成的軌跡，然後畫出一個左右對稱的圖形。

式1　$y=x^2$

式2　$y=\frac{1}{4}x^2$

可是，圖1的圖形是由上往下，再由下往上。如果說圖1是「把東西拋出去所形成的線」的話，就會跟我們日常生活遇到的情況有所背離，這時照著文字上的意思去思考與想像圖形，反而會造成我們的煩惱。而如果是下列式3或式4的二次函數，我們就可以畫出想像中的拋物線（圖2）。

從這裡開始學習的話，**我們就可以用「畫出拋物線」來說明二次函數**，甚至還可能順利地理解二次函數是**「左右對稱的圖形」**與其性質。不過，假如這樣做的話，各位大概又會對於「從負數的算式開始學」產生抗拒心理吧。

現在看完這段簡短的回顧便能迅速地理解，是非常重要的一點。所謂數學，並不是只有操縱數字或算式，能夠「理解意思」與「用文字說明」才是最要緊的。我們在學生時代只要學到新的數學概念就會覺得很困難，也許並不是因為對於數學的理解不夠好，可能是因為「使用文字說明的經驗」、「人生經驗」與「想像力」不足。很多人都是變成大人之後才對數學感興趣，我認為應該是因為這些經驗的成長發揮了很大的影響。

式3　$y = x^2$

式4　$y = \frac{1}{4}x^2$

圖1　開口向上的二次函數圖形

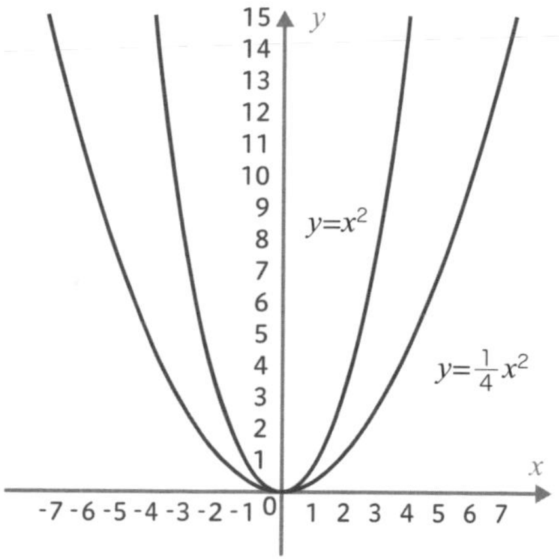

圖2　開口向下的二次函數圖形

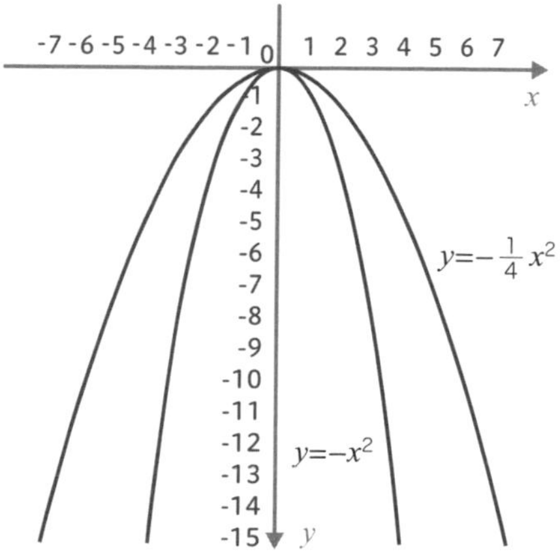

▼其實我們都看過二次函數的圖形？

言歸正傳，我們在日常生活當中，其實都看過二次函數的圖形，那就是拋物面天線。

圖3是將拋物面天線接收無線電波的樣子以圖像方式呈現。平行射入的無線電波碰到碟型天線的內側後，就會根據射入這個曲面的角度反射，最後集中到同一點，我們將這一點稱為「焦點」。拋物面天線的運作，就是將無線電波集中在焦點，接收無線電波傳來的訊號。

天線的直徑愈大，就可以接收到愈多的無線電波。若想要像觀測天體的無線電波望遠鏡一樣，接受來自遠方的微弱訊號時，拋物面天線的直徑就要愈大。世界最大的拋物線天線在中國，俗稱「天眼」，自2020年正式啟用，其直徑長達500m。

話說回來，拋物面天線的拋物線可用哪一個二次函數的算式來表示呢？

路上可見的拋物面天線

圖3　拋物面天線的機制

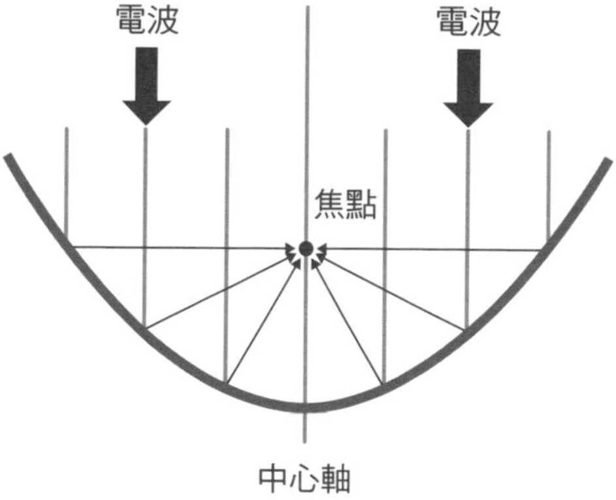

二次函數的圖形就像圖1一樣，有的圖形長得像U字型，有的則像淺盤一樣，每種圖形都代表不同的方程式。不過，二次函數的圖形看起來雖然長得都不同，但就「形狀」的本質而言，其實它們都是一樣的。

也許各位無法接受，覺得「怎麼看都是不一樣的形狀」，但其實拋物線還具備一個性質，也就是**「全部的拋物線皆為相似」**。我們用教科書的方式來解釋，所謂的**「相似」即「將一個圖形均等放大或縮小以後，若與另一個圖形完全重合，則兩個圖形相似」**。

換句話說，二次函數的圖形其實只要改變比例，都會變成「相同的形狀」。我們把拋物線中間的部分放大，就會跟另一個拋物線長得一樣，都是因為這兩個二次函數圖形是「相似」（圖4）。

只記得自己以前怎麼學都學不好的人，是不是也稍微改變了對於二次函數這個名詞以及數學的印象呢？對數學產生興趣的那個入口，其實一直都存在於你我身邊。

圖4　二次函數的圖形都相似

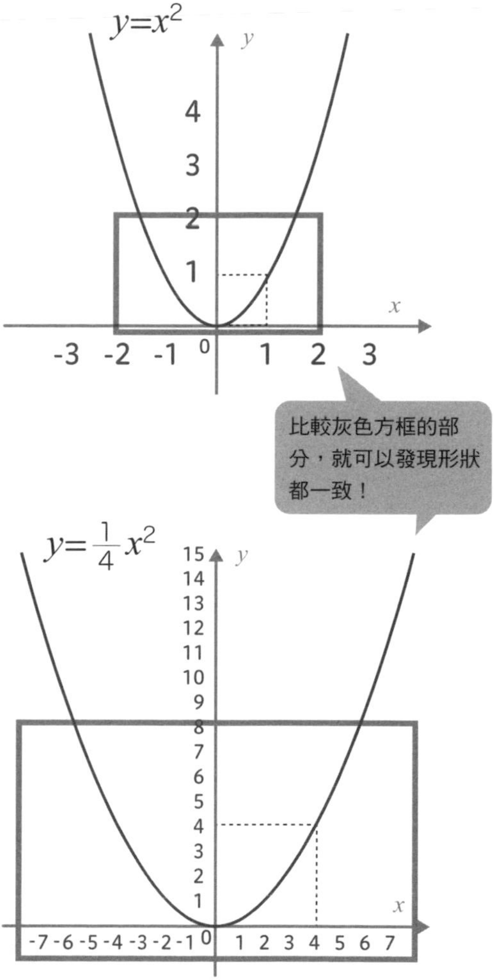

東京晴空塔是由三角形組成的？

▼你對四角形的印象是？

圓形、三角形、四角形……這些圖形連小孩子都會畫。我們能畫出這些圖形，也是因為對每種圖形的數學性質都有初步的理解。

而有些人覺得圖形很難畫，認為自己「圓形都畫得不好」、「沒有圓規就畫不出來」，說不定是因為他們更清楚了解這些圖形的數學性質。話說回來，我們從小對於圖形都會有種直覺上的印象，這種印象跟前面說的那種無意識的理解又是不同的事。舉例來說，你對於四角形的印象是什麼呢？覺得很堅固、很牢固……。我們給小朋友畫房子的時候，大部分的人都會用四角形當作房子的基礎，對吧？不過，四角形真的那麼「堅固」嗎？

那我們就實際做個四角形來確認吧。我用４根同樣長度的吸管做了一個與圖１一樣的四角形。

只要用力擠壓任一個角，這個四角形就會扁掉；拎起其中一角，這個四角形就會扭曲變形。

圖1　四角形只要受力就容易變形

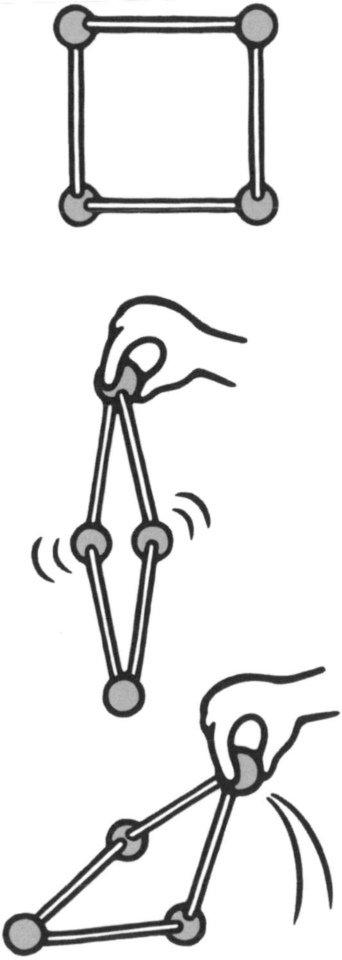

換句話說，有4個邊的四角形並不是像我們想像中那樣堅固、穩定的形狀。

在我的數學教室裡，為了讓小朋友都能親身察覺到這件事，於是我準備了具有磁性的棍棒以及鐵製的連結零件，並告訴他們：「請你們試試看做出一間堅固的房子。」

小朋友跟一直扭來扭去、東倒西歪的四角形奮鬥許久之後，都發現了另一個「不會搖晃的圖形」，那就是三角形。

他們做了很多個三角形，然後把這些三角形組合成四角形的牆面，再把這些牆面組裝起來，最後完成了一個堅固的立方體。

我在那一瞬間感覺自己好像見證了偉大建築家的誕生，甚至比這些小朋友還要更開心、感動！

四角形有4個邊，會變成不同的形狀，而三角形有別於此，就算在頂點施力也不會造成變形。這一點差異是因為三角形具備了能夠穩定自身形狀的性質，小朋友們在不斷歷經錯誤之後，也都發現了這項性質。三角形的這項性質就與數學有關。

圖 2　三角形的全等性質

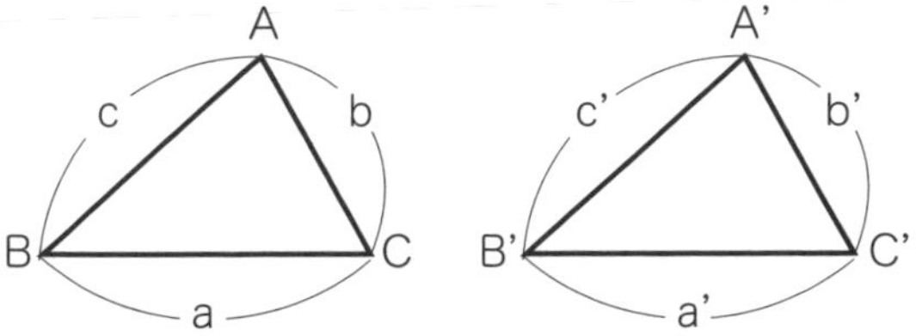

3個邊分別對應相等。

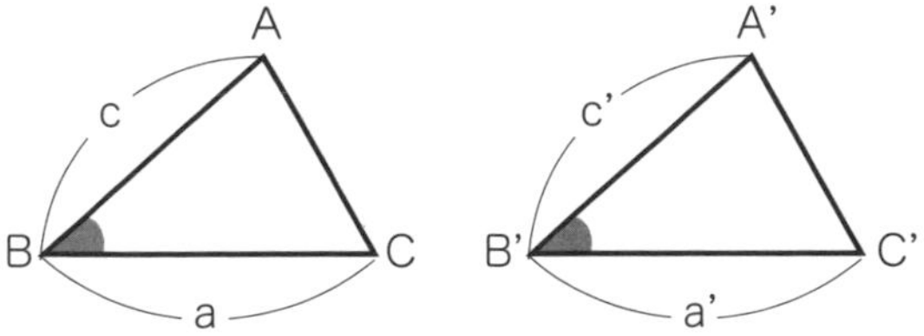

2個邊及夾角分別對應相等。

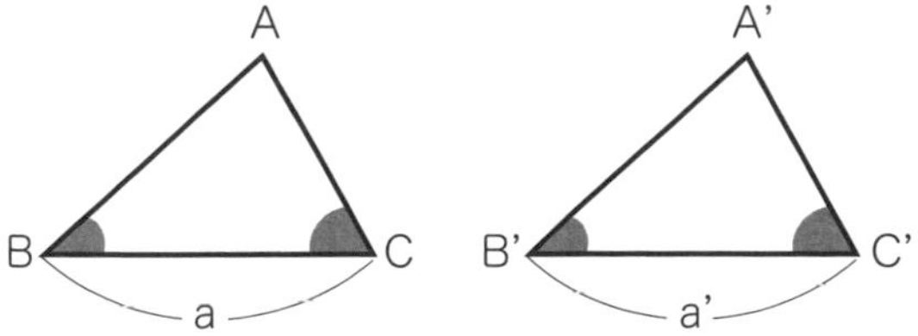

2個角及夾邊分別對應相等。

▼東京鐵塔與東京晴空塔都是由三角形組成？

各位在國中的時候應該都學過**「三角形的全等」**（圖2）。前面提過的「相似」是指比例改變後便會變成同樣形狀的圖形，而「全等」則是指完全一模一樣的圖形。

在三角形的全等性質當中，其中一項是**「當兩個三角形的3邊分別對應相等，則這兩個三角形就全等」**。換個方式來說，**「當3邊的長度決定以後，則三角形的形狀只有一種可能」**。

三角形的這項性質，就被運用在建築物的構造之中。

根據三角形的全等性質，由固定的3個邊長組成的三角形只會有一種形狀，不會變形。**使用這種「固定的單一形狀」＝「穩定的形狀」＝「堅固形狀」的三角形搭建起來的建築物構造，我們稱之為「桁架結構」**。

桁架結構具有優異的抗震性，運用在建築物的樑或鐵橋等等。我想最有名的桁架結構應該就是東京鐵塔吧。日本最高的建築物——東京晴空塔也同樣使用了這項結構。只要靠近這些建築物仔細瞧瞧，就會發現真的都是由三角型組合而成（圖3）。

圖 3　桁架結構的東京鐵塔與東京晴空塔

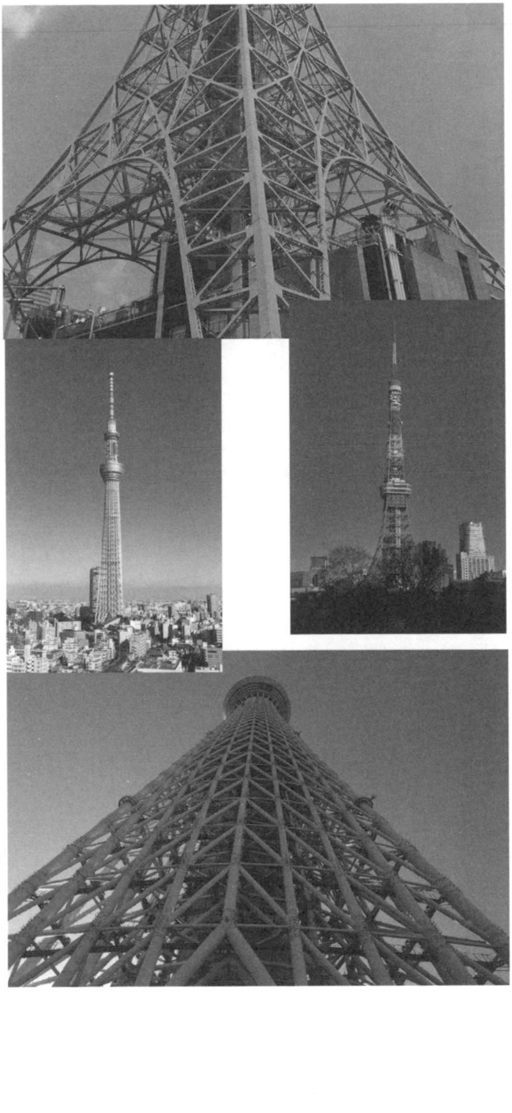

1年多達366天，為何30個人的班級至少都會有1組人的生日重複？

▼生日在同一天的機率高嗎？

在你所屬的職場或學校、社團等等，是否遇過與你同一天生日的人？

也許各位會覺得人數少的話應該是偶然，人數多的時候好像就挺有可能。請各位猜猜看班級裡有2人的生日在同一天的機率是多少。你們是不是覺得「假如班上有365（或366人）的話，出現2人同天生日的機率接近100％，所以35個人的班級應該是10％左右的機率」呢？其實，假如一班有35個人，2個人生日重複的機率超過80％。

像這樣**以日常直覺進行推論，結果卻與實際相反的情況，我們稱之為「悖論」**，而前面說的生日重複的機率則稱為**「生日悖論」**。

那麼，實際上各種不同人數的團體出現生日重複的機率分別是多少呢？假如一班是30個人，則生日重複的機率超過70％，而40個人的班級則是將近90％。假如學校社團的人數超過50人，那麼機率就會超過95％。各位看到這些生日悖論應該都相當驚訝吧！接下來我就來說明為什麼機率會這麼高。

▼如何計算出生日重複的機率？

我們以2月有29天的閏年為計算前提，也就是假設有366天的日期，讓生日日期的分布一致。我們的目標是算出「至少有2個人生日重複的機率」，因此我們用全體的機率1（＝100％）－「生日不重複的機率」。

1－生日不重複的機率＝生日重複的機率（％）

首先，我們來算算看總人數2人時生日同天的機率。第一個人與第二個人生日不同天（不重複）的機率是「366分之365」。

365÷366＝0.99726……

1-0.99726…＝0.00273……

根據以下的算式，總人數２人時生日重複的機率不到0.3%，可以說「幾乎不可能發生」。

那麼，總人數為３人的話呢？第三個人生日不重複的機率是「366分之364」。要算出３個人生日不重複的機率，就要用剛才的「２個人生日不重複的機率」乘以「第３個人生日不重複的機率」。最後再用１扣掉答案，就可以算出３人之中任２人生日重複的機率（算式１）。

相較於２人重複的機率不到0.3%，３人之中任２人生日重複的機率增加到0.8%。看起來似乎是人數愈多，「生日重複的機率就愈高」。

計算愈多人數的時候，只要按照人數重複計算這個公式，就可以得到所有人生日皆不重複」，假設全體人數為「n」，則計

式1 $1-(365\div 366)\times(364\div 366)$
$=0.00819\cdots\cdots$

式2 $(365\div 366)\times(364\div 366)\times\cdots\cdots\times$
$\{(365-n+1)\div 366\}$

式3 $1-(365\div 366)\times(364\div 366)\times$
$\cdots\cdots\times\{(365-n+1)\div 366\}$

算公式為公式2。生日重複的機率則以公式3計算得出結果。

那麼，生日重複的機率超過50%的總人數「n」是多少呢？計算結果顯示，「n＝23」時的機率超過50%。根據這個計算公式，我們就可以知道為什麼前面說「總人數40人時，生日重複的機率將近90%」、「總人數超過50人時，生日重複的機率超過95%」。

不過就算像這樣計算出機率，也許各位還是覺得好像不太能夠接受。那其實是因為各位把這兩種不同角度切入的問題搞混了。

A：50人當中至少有1組人生日同天的機率

B：50當中至少有1個人與我生日同天的機率

像我們前面說的一樣，A情況的機率就用1去扣掉與第1人不重複的機率、與第2人不重複的機率。當總人數為3人時，就用公式1計算。

但如果是B情況的話，就必須按人數算出「跟自己生日不重複的機率」（公式4）。

假設是B情況的話，當總人數為3人時，生日同天的機率大約是0.5%。順帶一提，當總人數是23人時的機率是5.8%。這樣看來，的確是不太可能遇到跟自己的生日同天的人呢。

我們實際驗證看看團體之中會不會有人生日重複吧。下頁的表格是參加日本職業足球甲級聯賽（J1）的隊伍「浦和紅鑽」在2020年8月8日時的選手名冊，名冊上登錄了33名選手與他們的生日。在這支隊伍中，出現2名選手的生日重複的機率大約是77.4%，且共有2組重複。而這33名選手與你的生日重複的機率則為8.6%。你發現了嗎？

在我擔任講師的算數或數學講座中，我也會讓參加者體驗看看這個「生日悖論」。在約100人參加的講座上，生日重複的組別共有12組，其中還有1組的人數為3人。其他講座的規模如果也在100人左右，那麼3個人生日重複的情況就不是那麼稀奇。以這樣的規模進行驗證的話，說不定找出重複的生日組別就會像玩賓果遊戲那樣地熱烈吧。

式4
$$1-(365\div366)\times(365\div366)$$
$$=1-0.99477\cdots$$
$$=0.005523\cdots$$

浦和紅鑽33名選手的生日

球衣號碼	姓名	生日
1	西川　周作	6月18日
2	Maurício	2月6日
3	宇賀神　有彌	3月23日
4	鈴木　大輔	1月29日
5	山中　亮輔	5月11日
6	山中　亮輔	4月20日
7	長澤　和輝	12月16日
8	Ewerton	12月1日
9	武藤　雄樹	11月7日
10	柏木　陽介	12月15日
11	Martinus	3月7日
12	Fabrício	3月28日
13	伊藤　涼太郎	2月6日
14	杉本　健勇	11月18日
16	青木　拓	9月16日
20	Thomas Deng	3月20日
22	阿部　勇樹	9月6日
24	汰木　康也	7月3日
25	福島　春樹	4月8日
26	荻原　拓也	11月23日
27	橋岡　大樹	5月17日
28	岩武　克彌	6月4日
29	柴戶　海	11月24日
30	興梠　慎三	7月31日
31	岩波　拓也	6月18日
32	石井　僚	7月11日
33	伊藤　敦樹	8月11日
35	大久保　智明	7月23日
36	鈴木　彩艷	8月21日
37	武田　英壽	9月15日
39	武富　孝介	9月23日
41	關根　貴大	4月19日
45	Leonardo	5月28日

信用卡設計成16位數字，目的不只是為了安全？

▼信用卡16位數字的祕密

不論在超商與超市，無現金交易都成為日常生活的一部分，在實體店面進行信用卡交易的機會也愈來愈多。另一方面，我們在網路上使用信用卡付款時，通常都有一個「手續」要求我們輸入或登錄16碼的信用卡號。

有些人不太放心在網路上輸入信用卡號，而且我猜一定也有人覺得輸入信用卡號碼很麻煩，因為打字的時候總是打錯。

為什麼我們在網路上刷卡時一定要輸入這16碼呢？應該有不少人覺得是「為了避免盜刷問題的安全機制。盜刷問題的嚴重程度就反映到數字的位數上」。不過，我們在網路上使用信用卡付款時，通常還必須輸入卡片後面的3碼「驗證碼」。既然卡片背面的3碼是為了安全驗證，那各位難道不疑惑正面的16碼是為何存在的呢？

其實，網路刷卡要求輸入16碼的卡號，是為了確認「在刷卡頁面前的人是不是擁有這張卡片的人」。這當然不代表「電腦或手機正在監視著你的一舉一動」。這項確認手續其實是由一套非常簡單的機制在運行。

信用卡的16個號碼就隱藏著這項功能，這是一種被稱為**「校驗和」**的驗證機制，一旦我們輸入的數字不符合號碼的排列規則，網頁就會出現「無法驗證=輸入錯誤」的警告。

換句話說，我們在輸入信用卡號時，網頁並不是在對照我們辦卡時登記的資料，只是很單純地告訴我們：「看清楚卡片，輸入正確的卡號！」要求我們重新打出正確的號碼。

那各位應該又會覺得有點毛毛的，為什麼刷卡頁面會抓到我們自己都沒發現的錯誤呢？這是因為信用卡的16碼數字排列其實是使用一種具備數學規則的**「Luhn演算法」**。我們就來實際驗證看看吧。請各位拿出自己的信用卡，用上面的16個號碼進行下一頁的計算。

各位計算出來的結果應該就跟下一頁的結果一致吧。**用來進行這項「計算加總的數字排列」機制的演算方式，就是「Luhn演算法」**。

我們人類可能要花一點時間來計算，但以網路刷卡頁面的功能來說，這不過只是一點數據而已。電腦立刻就能判斷出人為的「輸入錯誤」，然後發出「看清楚卡片的號碼！」、「你真的知道信用卡號碼嗎？」的警告。換句話說，16碼的信用卡號只是單純用來確認「人為失誤」的機制，檢查我們是否輸入錯誤。

試試看「校驗和」

確認以下的16碼數字。

①②③④　⑤⑥⑦⑧　⑨⑩⑪⑫　⑬⑭⑮

（1）從左邊開始，將奇數位的數字（①、③、⑤、⑦、⑨、⑪、⑬、⑮）都乘以2。
假如得到的結果為2位數，請將個位數與十位數的數字相加。
　若「①×2＝10」則「1＋0＝1」
　若「⑤×2＝12」則「1＋2＝3」

（2）計算出步驟（1）的各結果的總和（A）。

（3）將⑯以外的偶數位的數字（②、④、⑥、⑧、⑩、⑫、⑭）相加。
　「②＋④＋⑥＋⑧＋⑩＋⑫＋⑭＝B」

（4）把A跟B相加。
　「A＋B＝C」

C與⑯的數字相加後若為10的倍數，則驗證完畢。
「C＋⑯＝10的倍數」。

▼其他地方也有這樣的驗證功能嗎？

除了信用卡號，我們生活中常見的「條碼」也是一種防止人為「輸入錯誤」的機制。各位在這本書的封底應該也有找到條碼吧。只要拿給櫃檯掃一下條碼，我們就可以知道商品的價格，明細上面也會列出詳細的商品訊息，讓人覺得這排條碼好像隱藏了巨量的訊息。不過，實際上條碼機讀取的只是與條碼底下的那排數字相同的資訊而已。而與這組數字相關的商品資訊，就會經過計算、列印，或者是傳送給店家的系統。

說到底，最重要的還是最後一個數字，條碼機掃描時發出的確認聲「嗶」，就是使用前面這些數字，來確認最後一個數字是否正確的計算結果。出現「條碼無法讀取」的錯誤訊息時，通常都不是因為數據上的問題，而是條碼印刷有誤或貼紙脫落等等。這時只要手動輸入數字就可以正確地將商品資訊傳送給收銀機。

這項功能原本是用來校驗人為失誤的，結果最後還是要靠人力來輔助機器的讀取失誤。

視力的祕密在於「反比」

視力沒有1.1的選項，理由就藏在視力檢查的「C」字裡

▼視力的數字代表什麼？

我們的全身上下都有許多「數字」，出生年月日、年齡、身高、體重、鞋號大小……。就算是對於數字不在行的人，應該也都知道這些數字代表的意思是什麼。

不過，各位真的知道「視力」的數值代表什麼意思嗎？例如：我們都知道「視力1.2」比「視力0.2」的人「看得更清楚」，那麼到底可以看得多清楚什麼東西呢？

另外，視力的數值從0.1開始一次增加0.1，變成0.2、0.3……，但超過1.0之後，就會直接跳到1.2、1.5、2.0。而且，不曉得為什麼視力檢查只能測到2.0而已（圖1）。

其實這些「令人匪夷所思的視力問題」也隱藏著數學祕密。

我們在進行視力檢查時，通常都會使用一種像字母「C」的圖形，就稱為**「蘭氏環」**，這是由瑞士的眼科醫生愛德蒙・蘭多爾特開發的視力檢測圖形。1909年由國際眼科學會正式制定，也是日本目前最廣泛採用的視力檢測指標。

那麼檢查視力的時候，我們要看得多清楚這個「C」，才叫做「看得到」呢？是清楚可見這個形狀，還是大概看得到「這個方向有開口」就行呢？

不論是可以看清楚這個形狀的人，還是覺得形狀有些模糊的人，只要眼睛可以確認「C字的開口方向」，就是看得到；當視力模糊的情況愈嚴重，「C字看起來只是像一個圓點」，那就是看不到。視力檢查就是確認我們能不能辨別出蘭氏環「C」的中間空白與頭尾兩端所形成的「黑、白、黑」（圖2）。

▼哪個公式可以計算出視力？

而視力的數值大小，其實就跟「C」的開口大小有關。當「C」的開口為1.5㎜時，若可在

圖 1　蘭氏環視力表

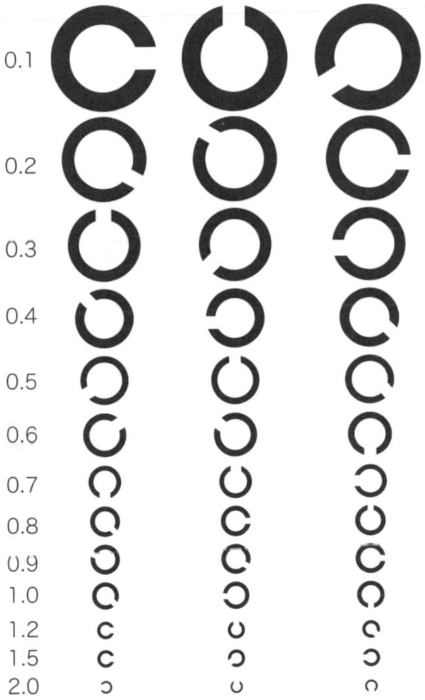

圖 2　「看得見」與「看不見」的差別

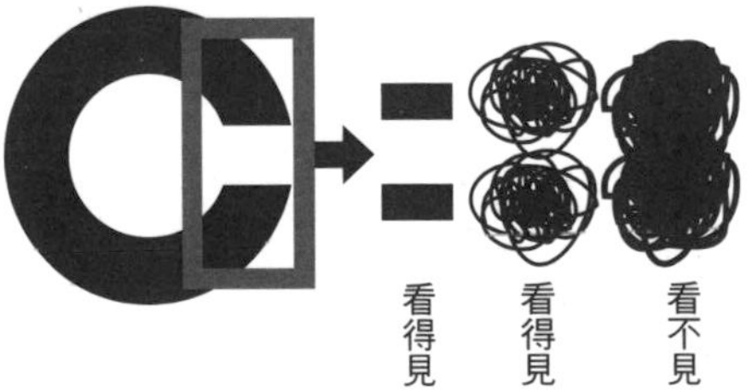

距離5m遠的地方看到C字開口，視力即為1.0。

若要計算出視力數值，就要使用「視角」。所謂的視角，表示測試者的眼睛與「C」開口兩端所形成的兩條連線之間的「角度」。視角的單位為「分」，是我們常用的角度單位「1度」的$\frac{1}{60}$。視力的計算公式如下所示。

換句話說，**視力1.0所代表的意義是「C字的開口＝1.5㎜」與「C字與眼睛的距離＝5m（a）」與「C字與眼睛的距離＝5m（b）」**（圖3）。圖案「C」愈大，開口就愈大，視角也會愈大。而視角愈大（分），視力的數值就會愈小。相反地，當圖案「C」愈小，視力的數值就會愈大。

我們用圖表來呈現這兩個數字之間的關係吧（圖4）。「視角愈大」，座標點就愈靠近左上；「視角愈小」，座標點就愈靠近右下。**像這樣當 x 軸的數值愈大，y 軸的數值則愈小，就稱為「反比」。**

視力＝1（度）÷視角（分）

圖 3　何謂視力 1.0？

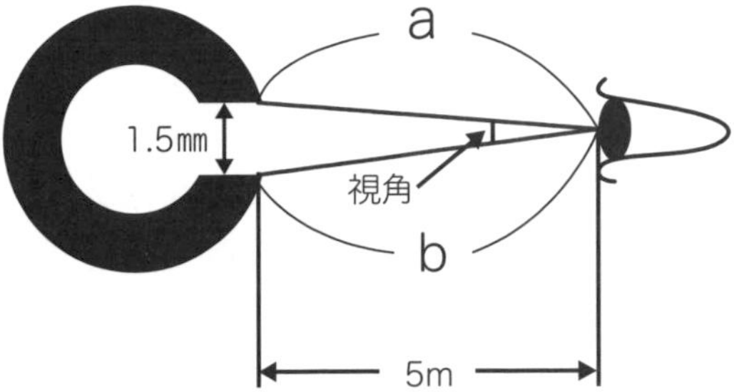

圖 4　表示視力高低的圖表

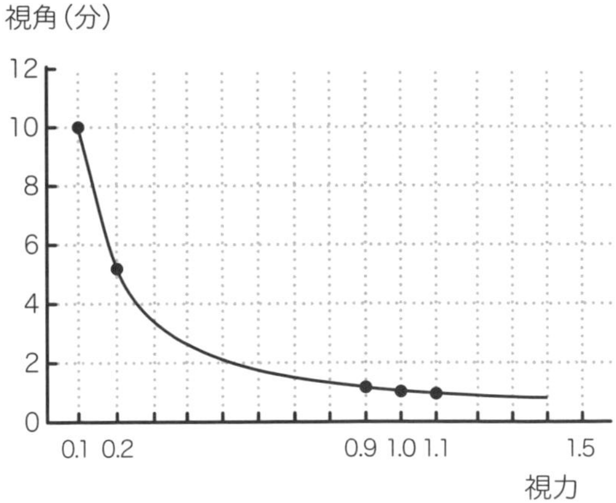

那麼還有一個疑問。為什麼超過1.0之後，視力的數值就不是一次增加0.1呢？這個問題也請看圖表。視力0.1與0.2的視角大約差一半。我們可以清楚看到「y軸＝視角數值大幅減少，x軸＝視力的變化大」。

但是，視力1.0上下的y軸座標幾乎沒有變化。換句話說，把視力從1.0變成1.1的視力矯正基本上沒有什麼意義。同樣地，也沒有必要再去確認視力超過2.0時的視角大小。

對了，各位應該很好奇「人類的視力可以達到多少」吧。聽說其他國家就有許多「視力高達8.0」的人。這樣算起來，表示他們能在距離40m之處看見1.45㎜大小的物品。帶著這樣的視力走在澀谷車站前的全向十字路口，不曉得會看見怎樣的風景呢。

第II章

透過數學看見世界的另一面

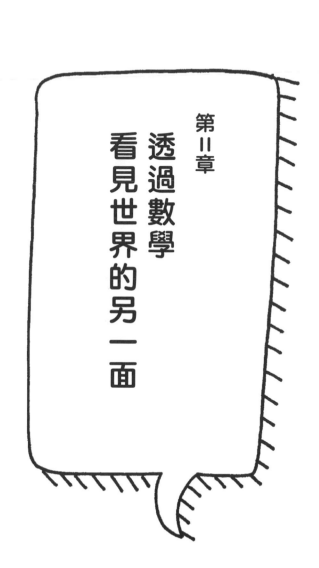

感染擴大是以「指數函數」增加？

日本防疫措施「避免三密」與「限制80％行動」的真相

▼在任何情況下，數學都能派上用場

2020年，世界各國都面臨著新冠肺炎感染擴大的威脅。「感染擴大」一詞不僅帶來心理上的不安，對於相關的醫療、疾病傳染的專業用語、每日更新的大量資訊，以及其中的專業數學，我們也都必須跟上腳步才能理解。即使身陷不安之中，依舊要去理解各種資訊並時刻保持沉穩的行動，是我在這次的疫情之中再次體會到的重要性。而對於保持「正確的恐慌」態度，數學也能派上用場。

在「新冠疫情」之中，東京都知事呼籲民眾「避免三密」（圖1），給人留下強烈的印象。這張圖片中間所代表的內容為下列公式。

$$\text{密閉} \overset{\text{交集}}{\cap} \text{密集} \overset{\text{交集}}{\cap} \text{密接}$$

日本政府使用3個圓代表疾病容易傳染的要素，成功地用淺顯易懂的方式，讓國民知道這3個要素重疊的場合或行動就會增加集體感染的風險。

政府在預測疫情增溫時的狀況，並提出相關防疫措施的呼籲中，也會使用圖表以及各種數字。但比起淺顯易懂的「三密圖」，這些圖表及數字都包含了一定難度的數學內容，若想要讓大眾都能理解，似乎不是一件簡單的事。

舉例來說，我們在使用圖表比較成功控制疫情以及疫情擴大的情況時，常常都會看見**「指數型增長」**一詞。

圖1　日本政府呼籲的避免三密

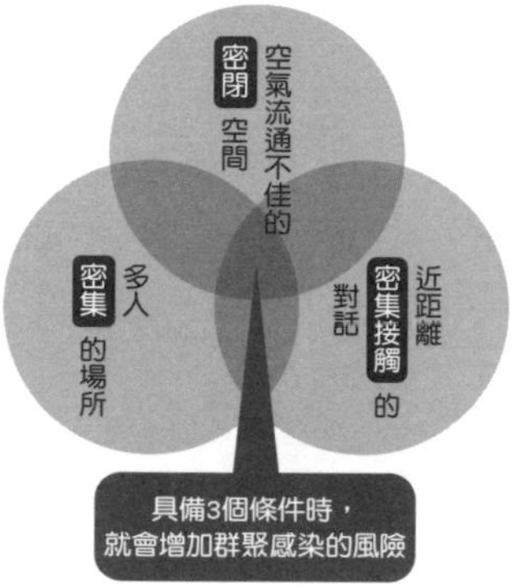
空氣流通不佳的
密閉 空間
多人
密集 的場所
近距離
密集接觸 的
對話
具備3個條件時，
就會增加群聚感染的風險

下頁的式1為指數方程式。**「a的x次方」稱為指數函數，「x」即為指數**。我們假設某病毒的感染者會傳染給2個人。1個人變2個人、2個人變4個人、4個人再變8個人……，也就是所謂的「成倍」增加。換句話說，當病毒傳染至第x輪時，感染者人數就會增加2的x次方。我們以公式表示即為式2。

▼圖解感染擴大以及防疫措施

我們用更詳細的圖片來看看感染擴大的情況吧。

假設病毒的傳播力不變，每一位感染者確實都會再傳染給2個人，我們將此時的指數型增加的情況以圖片呈現，就是圖2的樣子。

感染者1人（2的0次方）↓傳染給2個人（2的1次方）↓傳染給4個人（2的2次方）↓……

要是不採取任何措施，被傳染的人就會一直增加，一旦感染者人數愈多，想要控制疫情就會愈困難。因此，我們才要及早發現感染擴大的徵兆，讓感染者接受治療與照護，抑制感染擴大。而抑制感染擴大的對策即為圖3。

式1　$y=a^x$

式2　感染者人數＝2^x

圖2　確診者從1人增加成2人、4人……的情況

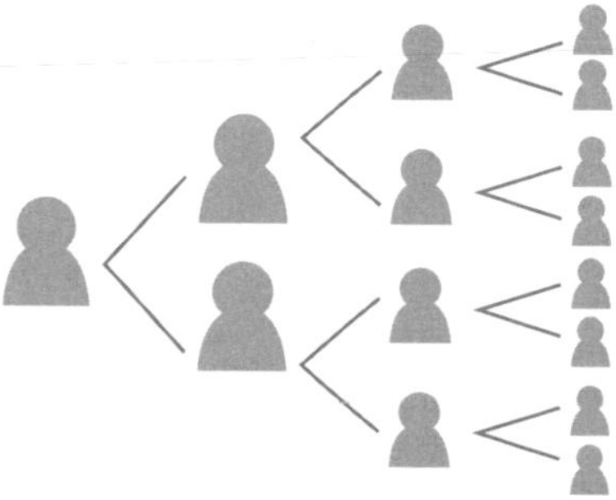

圖3　讓確診者接受治療與照護，防止擴大傳染

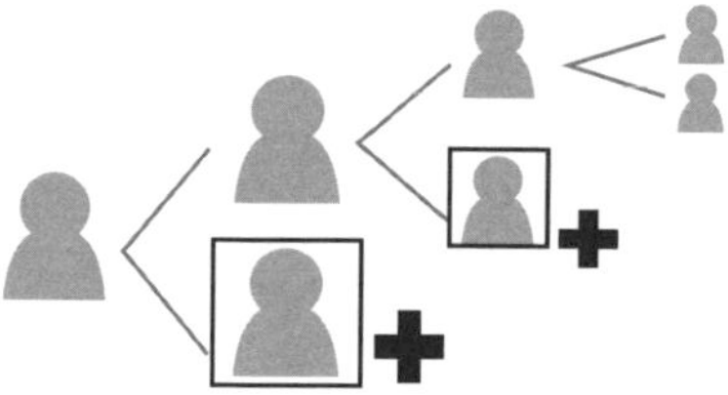

圖4　「不傳染他人」、「不被他人傳染」的對策

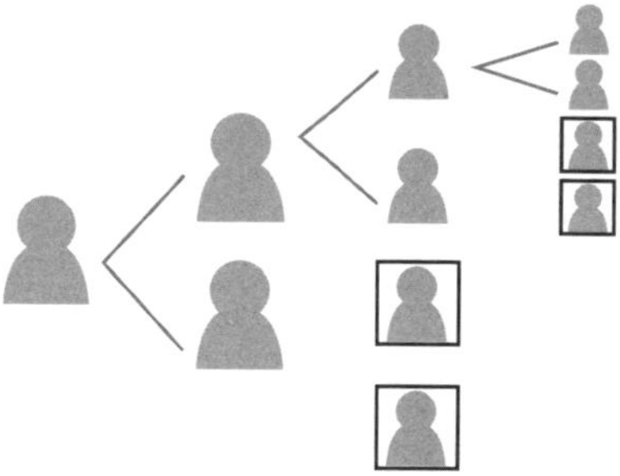

不過，只有在能夠掌握到所有的傳染鏈時，這樣的防疫對策才能發揮效果，當傳染鏈不明的情況增加，就必須同時採取其他應對措施。因此，圖4的防疫對策就是讓未被傳染的人減少與他人的接觸，避免成為「被傳染對象」。

透過這樣的防疫對策，切斷社交方面的傳染鏈，降低病毒的傳播力，就是許多民眾都經歷過的「Stay home（居家防疫）」。

▼進一步的防疫措施「限制8成的行動」又是什麼？

只要在病毒具有傳染力的這段期間，限制所有人的外出行動，避免與任何人接觸，就能停止病毒的傳播。但就現實層面來說，基本上這是不可能的。醫療相關人員、物流、公共基礎建設、生活物資的販售等等，許多人還是必須到處移動或繼續工作，而且很多情況光靠「呼籲」根本就沒辦法限制民眾的行動。

於是在計算這些數據之後，傳染病專家提出了「限制社會全體進行活動的目標比例」，也就是「呼籲民眾限制8成的行動」。

為什麼是8成呢？在說明原因之前，我們必須先了解「有效再生數」。所謂的「再生數」是表示平均每1位感染者會直接傳染給幾個人，因此所謂的「有效再生數」就是「實際在現實社會上形成的再生數」。

重點就在於有效再生數是否大於1。

大於1　↓　感染者增加，感染擴大
等於1　↓　感染者不增不減（未趨緩亦未擴大）
小於小　↓　感染者減少，感染趨緩

德國等國家都已經發生感染擴大的情況，若用他們的數據來看，在已經發生「Overshoot（感染者爆發增加）」的情況下，一般認為表示每1位感染者是否可能傳染給尚未具備免疫力之個體的理論值（基本再生數）為2.5。

若要避免爆發大規模的傳染，就必須採取措施讓基本再生數小於理論值

$$Re = (1-p)\,Ro < 1$$

「2.5」。而且，同時也必須採取策略讓有效再生數小於1。此對策的計算公式為前頁的下列公式，其意義如以下所示（出自日本政府專家學者會議集群感染對策班成員西浦博教授，資料時間：2020年8月）。

期望有效再生數（Re）小於1。因此只要全體（1）之中有部分比例（p）的人限制行動（1－p），就可以降低基本再生數（Ro＝2.5）。

實際上，用這個公式算出來的結果，必須限制行動的人數比例（p）應該是0.6。換句話說，理論上必須限制行動的人數比例是全體人數的6成，並非8成。

那為什麼會有2成的落差呢？這是因為在我們的所有行動之中，有些行動是不可能真的受到限制，所以加上這部分的數據之後，得到的結果就是「8成」。這個數字就是讓社會大眾「稍微多」負擔一些，以達到控制疾病傳染的效果。政府不是只有根據資料推算出數據，更考慮到現實生活或民眾的實際狀況，制定出符合現實的防疫戰略。

模擬「機率」會發現什麼？

透過「準確率99％的傳染病檢查」進行大規模檢查，會發生什麼事？

在新冠肺炎的防疫措施中，許多篩檢方式都成了日常用語，「ＰＣＲ核酸檢測」就是其中一個。所謂的ＰＣＲ是「Polymerase chain reaction」的縮寫，中文為「聚合酶連鎖反應」。只要檢體中出現病毒基因一部分的「聚合酶」，就能判定為感染。ＰＣＲ檢測需要一點時間才能知道結果，但敏感度也比較高。一般認為ＰＣＲ檢測對於陰性的敏感度相對較高，對於陽性的敏感度相對較低。因此，就有可能出現少部分的「偽陽性」（未感染卻被認定為感染者並接受治療）以及比偽陽性多一點的「偽陰性」（實際為感染者卻被認定為未感染，可回歸日常生活）。

我們以「透過檢測可以知道哪些事」的一般理論，來做個模擬看看。

我們就用數學的角度，想一想「當全體國民都進行檢測之後，會發生什麼事」。為了讓各位更方便理解，我們使用一項假設敏感度為99%的「Z檢測」。

假設某國家的人口數為100萬人。國家為了不讓疾病在國內擴大傳染，於是決定盡早讓全體國民都進行篩檢。這項策略是找出目前所有的感染者，避免疾病再傳染給其他人。

假如目前國內已經有100名感染者，那麼檢測結果會是如何呢？

由於Z檢測的敏感度為99%，在這100名的感染者中，我們可以找出99名的陽性＝確診者，但有1個人會被判定為偽陰性，不被列入確診者。這個人通常會回歸社會活動，也許就會將疾病擴大傳染給周圍的人。像這樣無法完全消除擴大傳染疑慮的情況，就是「偽陰性的課題」。

而這100名確診者以外的99萬9900人本來就沒有確診，結果透過敏感度99%的檢測，就會有1%的人被判定為偽陽性，也就是多了9999位的偽陽性確診者。這些人雖然沒有確診，卻必須被視為確診者，進行相關治療。實際的確診者本來應該只有100人，結果這樣算起來卻必須讓1萬98人（99＋9999）都接受醫學上的治療。這對於醫療機關將造成龐大的負擔，就是所謂的「偽陽性的課題」。

在尚未大規模爆發感染的階段進行不限範圍的大規模篩檢，恐怕會對於準備不足的醫療機關造成過於沉重的負擔。那麼，假如傳染已經大規模爆發，進行大規模篩檢又會發生什麼事呢？

我們假設全體國民共有1００萬人，其中已有10萬人被傳染。這樣的話，我們雖然可以找出9萬9０００名的陽性確診者，卻有1０００人會被判定為偽陰性；而在未感染的90萬人之中，則有9０００人被判定為偽陽性。

換句話說，「沒有感染，卻被判定為確診，結果造成醫療負擔」的人（9０００人）雖然稍微減少了，卻會出現大量的「實際上已感染，卻被判定為未確診，結果回歸日常生活」的人（1０００人）。

數學模擬可以為我們提供各種不同的「模型」作為制定策略的參考。所以，我們就有機會擬定策略去應付那些問題，也能理解那些對策的制定理由。大多數的人都要懂得用數學觀點去理解，我認為那才是最重要的。

看透報表資料、新聞報導裡使用圖表進行的印象操縱

經濟指標、簡報資料、瘦身效果的宣傳廣告……。

這些資料一旦加上了圖表或矩陣圖，就會讓人莫名地相信「這是有憑有據的正確資料」。就某種意義來說，這也許是出自對於數學統計或分析的信任。不過，這些看起來有數學依據的圖表，其實也會因為「繪製方式」與「呈現方式」給人截然不同的印象，存在著利用「表象」進行印象操縱的危險性。

舉例來說，顧問的簡報資料經常使用到矩陣圖。而顧問都會使用像文氏圖一樣的圓形重疊來展現「我們這３項專業創造出的綜合實力是……」，並且把圓形重疊的部分放大。當我們看到圓形重疊的面積愈大，可能就會相信對方的實力而提升對方合作的機會。

對於顧問來說，圓形重疊的面積大一點的話，就比較能夠表示他們的「氣勢」。但是，文氏圖原本就只是分類要素的圖表，並不是用來表示「比例」。圓形重疊部分的面積是可以人為改變的，因此面積大小並不具任何意義。

折線圖或柱狀圖等圖表也必須多加注意。這類型的圖表比較需要注意的部分，就是縱軸與橫軸的座標比例。當縱軸的座標間距被放大，而橫軸的座標間距縮小時，就會讓人覺得這張圖表數據出現大幅波動（圖1）。

除此之外，還要多加留意圓餅圖。我們常有機會看到圓餅圖，所以可能會覺得這是一種「淺顯易懂」的圖表。

不過，「立體圓餅圖」以傾斜的方式呈現，有距離遠近的差異，因此下方區塊的面積看起來就會比實際大，而上方區塊的面積則會小於實際比例（圖2）。這樣會讓人對於調查數據的結果產生錯誤印象，恐怕會影響到閱讀者做出的判斷。

不論圖形還是圖表，終究都是資料。我們要注意的是這張圖表所傳達的資訊，別被外在的視覺印象給騙了。

圖1　折線圖

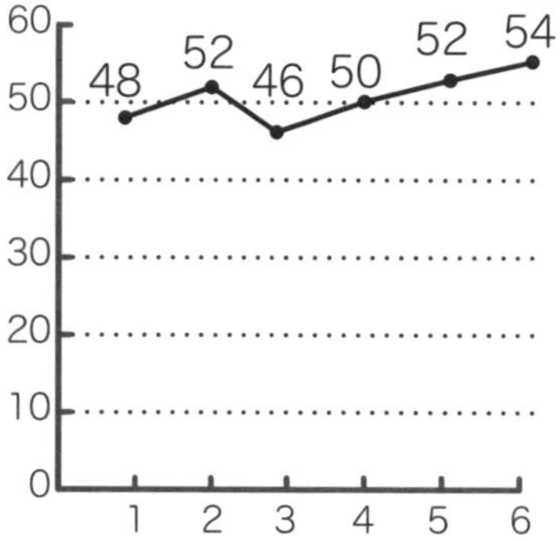

過度強調變化的折線圖

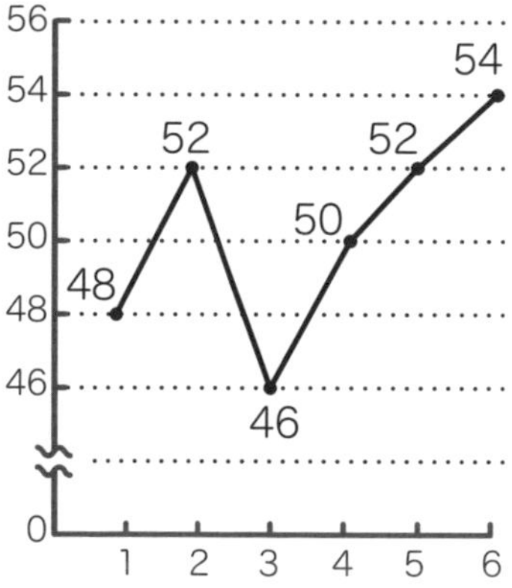

圖2 圓餅圖

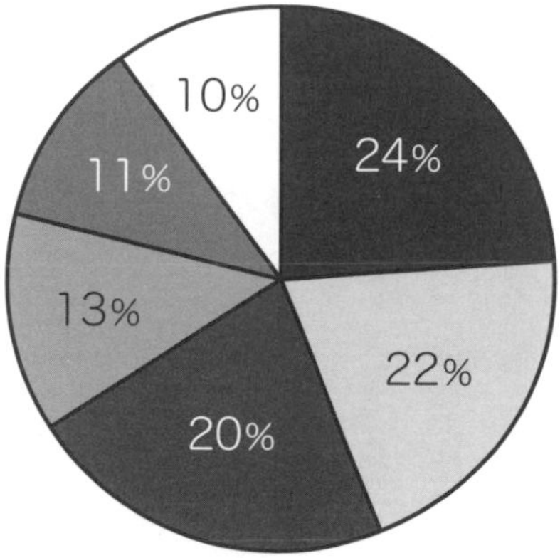

過度強調比例的圓餅圖

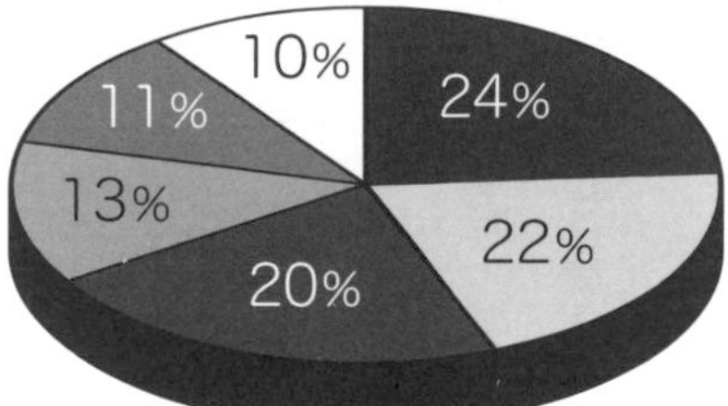

報紙對摺7次後的厚度是1㎝，那麼對摺幾次才會超過富士山的高度？

▼想一想「荷葉問題」

「荷葉問題」是一道讓人思考環境問題的數學題。請各位想一想以下的問題。

「某個池塘裡的荷葉經過一天就會變成2倍。當荷葉覆蓋住整個池塘時，就會造成水質惡化，導致池塘裡的生物死亡。這個池塘的荷葉大概經過30天就會覆蓋住整個池塘。那麼，請問經過幾天會覆蓋住半個池塘？」

也許有人會覺得應該是15天。那麼距離第30天好像還有很充足的時間，可以慢慢思考怎麼解決荷葉增加的問題。然而，荷葉覆蓋半個池塘的時間點實際上是在第29天，有些人原本還想著：「一半的池面都被覆蓋了，是時候想辦法解決荷葉的問題。」結果，池塘卻在一夕之間變了樣貌。才一天的時間，整個池塘就被荷葉完全覆蓋，池中生物消失殆盡。

總部於瑞士的民間智庫「羅馬俱樂部」於1972年提出一份研究報告《成長的極限》，荷葉問題便是根據這項研究報告的內容，警告人類若要等環境已變化至顯而易見的程度，才開始討論解決辦法，已是亡羊補牢，為時已晚。荷葉增加的方式，我們可以用「翻倍成長」來形容。

在數學愛好者中，也有一些人喜歡思考這種「形成龐大數字」的問題。

舉例來說，這些人會去思考「報紙對摺幾次之後會超過富士山的高度」。一張報紙很薄，但再薄還是有厚度，所以只要一直對摺，層層相疊的報紙就會愈來愈厚，總有一天一定可以達到富士山的高度，也就是3776m。那麼各位覺得要對摺幾次才會達到呢？

我們對摺7次後的厚度大約是1cm。其實只要實際拿報紙來摺，就可以知道這個問題的答案，但繼續對摺的難度會愈來愈高，所以接下來我們就用計算的吧。

第8次：2㎝　第9次：4㎝　第10次：8㎝　第11次：16㎝

第12次：32㎝　第13次：64㎝　第14次：128㎝　……

摺到第14次時，終於超過1m了。感覺還要摺很久。

第17次：10m24㎝　……　第20次：81m92㎝

距離一座「高山」的高度好像還差得很遠，但接下來的翻倍增加就會讓人很有感「巨數的形成」。

第21次：163m84㎝　第22次：327m68㎝　第23次：655m36㎝

第24次：1310m72㎝　第25次：2621m44㎝　第26次：5242m88㎝

摺到第26次時，報紙的厚度已經遠遠超過富士山了。在第22次時好像還差得很遠，但接下來的幾次對摺，一瞬間就改變了原來的結果，讓人深切感受到加速度的成長。報紙厚度的變化比例都是固定的「翻倍」，而厚度的變化量卻大到讓人難以想像。

我們詳細看一下有哪些「數量的增加方式」吧。比較以下3個方程式，請問哪一種的「數量增加方式」最快呢？ㄅ表示「倍數」增加、ㄆ是「平方」增加、ㄇ是「2的x次方」增加。實際將x帶入數字比較看看吧（圖）。

ㄇ的增加速度遙遙領先另外兩種方式。我們稱這樣的增加方式為**「指數型增加」**，也就是前面介紹的報紙厚度「翻倍」增加。

▼善用指數型增加的賞賜

豐臣秀吉也曾對這種「翻倍增加」感到相當震驚。有一次，豐臣秀吉告訴御伽眾的曾呂利新左衛門：「我給你一個賞賜，你說說看你要什麼。」

ㄅ　$y=2x$　　ㄆ　$y=x^2$　　ㄇ　$y=2^x$

曾呂利看了看這間擁有上百張榻榻米的諾大屋子，於是向豐臣秀吉說：「請將軍在第１張榻榻米放１粒米，然後在旁邊的榻榻米放２粒米，再下一張放４粒米，每一張榻榻米的米粒數量都要上一張的２倍，再請將軍賜將這１００張榻榻米的米賜給我。」豐臣秀吉聽了之後覺得這個賞賜沒什麼，便爽快地答應曾呂利，隨後命令隨從按照曾呂利的要求，在每一張榻榻米都放上都比上一張多一倍數量的米，而隨從開始計算需要多少粒米，結果……。

隨從發現第10張起要５１２粒，第20張要52萬４２８８粒，第30張就要５億３６８７萬９１２粒，他一臉鐵青地向秀吉報告結果，秀吉聽到之後也瞠目結舌，最後便命令曾呂利換個討賞。

我們計算出第１００張榻榻米所需的米粒數量是63穰３８２５秭３００１垓１４１１京５０００兆。而這１００張榻榻米加起來的米粒總數是１２６溝７６５０穰６００２秭２８２３垓。若以現在的白米來計算，５萬粒的白米大約是１kg，所以１００張榻榻米加起來的總重量是25秭３５３０垓１２００京４５６４兆６０００萬噸。

關於這個傳聞有各式各樣的版本，也有人說曾呂利討賞的是錢幣不是白米，相關的記載在

圖　倍數增加、平方增加、指數型增加

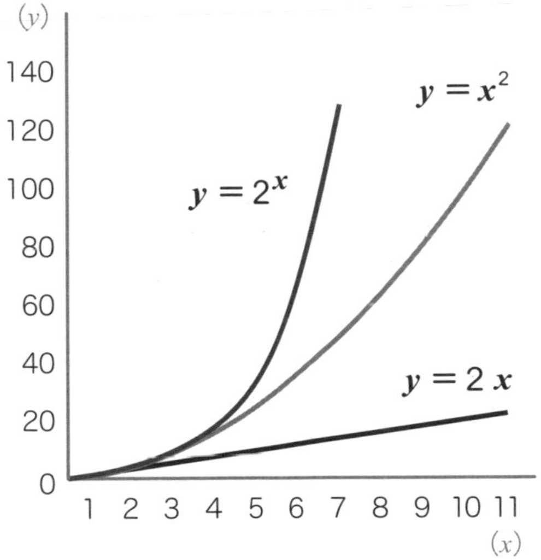

x：	1	2	3	4	5	6
$y = 2x$：	2	4	6	8	10	12
$y = x^2$：	1	4	9	16	25	36
$y = 2^x$：	2	4	8	16	32	64

江戶時代傳遍了家家戶戶。若當成故事來聽，能夠難倒權傾一時的掌權者的確是大快人心，而我驚訝的是這則故事竟然還同時運用了數學概念，讓人得以想像與讚嘆何謂指數型增加。

假設老鼠每個月增加7倍，那麼不到一年就會超過數百億隻!?

我們前面說明翻倍成長的方式叫做指數型成長。有的人也許就會想：「這就是在講『**鼠算**』吧？」我們一般說的「鼠算型增加」，通常都是用來舉例說明「逐漸增加」。

不過，「翻倍增加」與「鼠算型增加」的意思並不同，我們接著就來看看「鼠算型增加」的增加方式吧。

現在有一對公鼠與母鼠，這對老鼠在1月時生下了12隻小鼠，其中小公鼠與小母鼠各有6隻。現在一共有14隻老鼠。

2月時，這14隻老鼠又兩兩配對，分別都生下12隻小鼠（公鼠與母鼠各6隻），現在一共有98隻老鼠。

每個月都持續增加7倍，最後會有幾隻？

	起始	1月	2月	3月	…
增加數量	—	12	84	588	…
合計	2	14	98	686	…

×7　×7　×7　×7

若老鼠以同樣的方式在每個月都兩兩配對，並生下12隻小鼠（公鼠與母鼠各6隻），那麼隔年1月一共會有幾隻老鼠？

在第1年的1月，老鼠數量從剛開始的2隻變成了14隻，一個月後再變成了98隻。換句話說，每個月都是增加7倍。這樣一直重複下去，我們就可以用以下的公式來表示。

2×7×7×7×7×7×7……

12個7相乘以後得到的「隔年1月的老鼠數量」是多少呢？我們寫成算式以後如下所示，答案是276億8257萬4402隻。

$$2\times7^{12}=27,682,574,402$$

像這樣每多一個級距，數量就會以同樣比例增加的方式，我們稱為**「等比級數」**。

所謂的「老鼠會」，也是這種等比數列的組織結構。組織規定初始會員招募2名以上的新會員，新會員一樣再拉2名以上的會員加入，從下層會員的身上創造分紅給上層會員，這樣的組織又被稱為**「層壓式傳銷」**，日本現已制定「層壓式傳銷防治法」禁止這樣的行為。這種以「老鼠」為比喻的數量增加方式，現在通常都被用來談論負面的事情，像老鼠會或是高利貸等等都是如此。

不過，「鼠算」其實是出自於江戶時代的日本傳統算術書籍《塵劫記》，老鼠原是多子多孫的生物，因此被視為象徵吉祥（好吉利）的動物，在江戶時代甚至掀起了一陣飼養老鼠的風潮。而「鼠算」一詞給人負面印象，則是後來的事情了。

英國與日本在找錢時的差異

日本店員在收錢時都會說「先代您保管○○元」，其實其中含有重要的意義

▼想一想日常生活中的金錢交易

我高中時曾在英國短暫居住2個星期左右。身處於異國文化之中，生活的一切都是刺激的體驗。其中，最讓我感興趣的就是英國人的金錢交易，他們找錢的方式跟日本就不太一樣。

例如：我們在購買一個350日圓的商品時，日本通常都是按照以下的方式交易。

店員：一共是350日圓。

客人：我用1000日圓的鈔票來付。

店員：收您1000日圓的鈔票。這是找給您的650日圓以及明細。

客人：（收下找零的錢與明細）

店員：這是您的商品，請小心拿取。

在這個交易過程中，我想請各位注意的部分，就是客人將鈔票交給店員的這個動作。各位也許會疑惑：「這有什麼問題嗎？」我們接著就來看看我在英國看到的交易方式，這真的很有意思。

店員：這樣一共是5英鎊。

客人：好，錢在這裡（把20英鎊的鈔票放在收銀盤）。

店員：（將1張10英鎊的紙鈔與1張5英鎊的紙鈔放在商品旁邊）找您15英鎊。

客人：（收下找零的錢與商品）

發現哪裡不一樣了嗎？日本與英國對於找零的概念並不一樣，而且反映在他們找零的方式上。我們仔細地看個更明白吧。先來解釋日本的交易方式。

▼實際上蘊含深切涵義的金錢交易方式

有位客人想要這間店某項350日圓的商品。他為了買下這項商品，於是將1000日圓的紙鈔交給店員，這時客人失去了「1000日圓的價值」。同時，店員手中則握有「價值350日圓」的商品以及一張一千日圓的紙鈔，價值總計1350日圓。

我們前面敘述的交易過程，其實是按照以下的方式在進行。

店員：這件商品的價值是350日圓。

客人：那麼，我先把1000日圓放在你那邊，再請你從裡面拿走350日圓。

店員：我從您暫寄在我這邊的一千日圓拿走350日圓了。這裡是其餘的650日圓，以及記錄這項交易的明細。

客人：我確實拿回650日圓了。

店員：我把350日圓的商品交給您。

店員與客人在交易這1000日圓的過程中，店員使用的是計算方式是「相減之後差多少」的減法。我將這樣的方式命名為**「減法型找零計算」**。

英國在結帳時的開頭步驟跟日本是一樣的。不過，他們的交易方式如下所示。

店員：這件商品的價值是5英鎊。

客人：那請你從這張20英鎊的紙鈔拿走5英鎊的價值，我要用它跟你交換這件商品。

店員：我這裡有價格5英鎊的商品，再加上價值15英鎊的貨幣，價值總計20英鎊。

客人與店員：那我們就交換彼此手中價值20英鎊的東西吧。

店員並不是直接收下那張20英鎊的鈔票，而是先把5英鎊價值的商品與15英鎊的貨幣放在一起，讓這兩樣物品的價值等同客人手中的20英鎊以後，才與客人進行等價交換。我將這樣的交易方式命名為**「加法型找零計算」**。換句話說，英國的店員是用加法的方式計算找零的金額。

英國的「加法型找零計算」相似於使用天秤取得平衡的行為。相反地，日本的交易方式就沒有這種天秤兩端等重的概念。不過，日本人的交易行為則存在著一種平衡，這種平衡跟數學概念上的交易行為不太一樣。

▼日本的交易行為存在著哪種平衡

我曾在社群平台上面看過一個問題，有人疑惑：「我們付錢之後，店員都會說『我先替您保管○○元』。可是，之後店員真的會把錢還給我們嗎？」我那時候也是覺得「這的確很奇妙」，不過以下這個找零驗證打消了我心中的疑惑。

客人拿給店員的千元紙鈔，是雙方透過店員的這句「我先替您保管○○元」，同意客人仍是這張紙鈔的價值所有者，而紙鈔只是暫時交到店員手中。接著，店員再從暫時替客人保管的價值中，將650日圓的價值換成實際的貨幣，然後跟著350日圓的商品一起交給客人。此時，經過店員的這句「這是您的商品了」，價值350日圓的貨幣就換成了商品。

這樣的文化差異也許是歷史上的商業習慣等等造成的影響。日本人平常在付錢的時候，還會習慣多付一些零錢，好讓找回的錢是漂亮的整數。像這種時候，客人使用的計算方式就是「減法型找零計算」與「加法型找零計算」的合體。在我們的日常生活中，似乎都隱藏著這些文化層面與數學層面的交流。

第Ⅲ章

學到等於賺到的數學

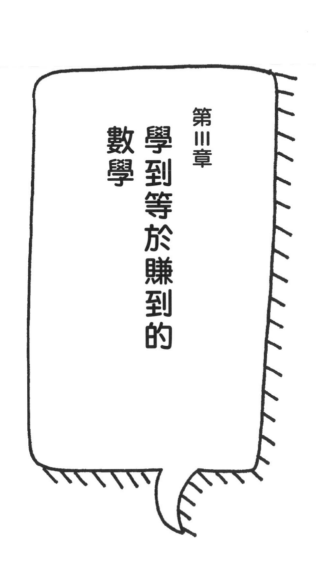

彩券中頭獎的機率好幾萬年只會出現1次而已!?

▼彩券中頭獎的機率是？

各位是否買過獎金上看數億元的彩券呢？

最多人不買彩券的理由是「因為不覺得自己會中獎」，比例為59・3%；最多人買彩券的理由則是「因為想要中獎」，比例為61・9%。雙方的想法完全相反，一邊是覺得「不會中獎」，一邊則是覺得「會中獎」。比較有趣的是買彩券的理由第2名「一券在手，希望無窮」，比例為42・5%，（以上皆為日本彩券協會於2016年4月進行的調查）。抱著「購買希望」買彩券的人，到底是覺得「會中獎」呢？還是明白「反正最後不會中獎」呢？

就現實來說，中頭獎的人確實是存在的，只是中頭獎的機率實在是微乎其微。任誰都明白這個事實，所以不論是「我覺得不可能中獎，所以就不會去買」還是「當作是買個希望」，其實大多數的人買或不買彩券，基本上都是以「不會中獎」為前提。

例如：日本的年末JUMBO彩券的頭獎為7億日圓，而頭獎的中獎機率為0．000005%(以1個組別就有1個頭獎，且1個組別的彩券共有2000萬張為例)。換句話說，頭獎的中獎機率是500萬分之1。就算每年都買100張彩券，也要買20萬年才有1次的中獎機率而已。這樣來講，買彩券的確就像在花錢買夢想。

那麼，選擇「不買彩券」也是當然的吧？我覺得不能這樣講，畢竟中頭獎的機率不是零，就算有人抱持著超級樂觀的想法，相信這次他買的彩券說不定就是那20萬年的唯一一次機會，我們也不能去否認他認為應該要「買彩券」的這份依據。

▼猴子成為大作家的機率也不是零，所以是有可能發生的？

機率的確很低，但並不是不可能。我們到底應該要如何思考這種非「無」之「有」呢？以下的這項假說，就是用來進行這項思考訓練。

「只要持續隨機排列文字，不管是哪種文字排列，總有一天一定會出現的」。

通常在介紹這項假說時，都是以「讓一隻猴子在打字機的鍵盤上無限期地持續打字，總有一天就會完成莎士比亞的作品」為例，因此稱為**「無限猴子定理」**。

各位手邊若有電腦的話，請看一下您的電腦鍵盤。鍵盤上總共約有１００個按鍵吧？那我們就來想一想，當我們以適當的方式持續打字，先打出標題「hamlet（哈姆雷特）」的機率會是多少呢？我們剛好打出「h」的機率是１００分１，接著打出下個字母「a」的機率也是１００分之１。隨機打出「hamlet」這個字的機率算式如下，結果為１００分之１的６次方，也就是１兆分之１。機率確實極低，但並不是零。

打完了標題之後，接著就要進入正文。正文雖然有好幾萬個字，計算機率的方式一樣不變。所以實際上有１００分之１的數萬次方的機率能讓猴子重現莎翁的名作。

機率真的低到不能再低，但並不是零。換句話說，這就是非「無」之「有」。

$$\frac{1}{100}\times\frac{1}{100}\times\frac{1}{100}\times\frac{1}{100}\times\frac{1}{100}\times\frac{1}{100}$$

$$=\left(\frac{1}{100}\right)^{6}$$

＝1兆分の1

▼這個機率跟猜拳連續幾次平手的機率是一樣的？

以日常經驗來看待某件事的機率時，假如機率跟「無限猴子定律」的極低機率差不多，多半的人都會直覺地認為這件事發生的機率是「不可能」；而當某件事的機率跟JUMBO彩券的頭獎中獎率差不多低，人們的判斷或看法就不會那麼一致。那麼其中的分界線在哪？又是如何判斷該機率的高低？我們接著就來介紹可以當作判斷標準的「猜拳連續平手的機率」吧。

2人猜拳一次，平手的機率大約是33％。第2次之後連續平手的機率如下所示。

1次：33％　2次：11％　3次：3.6％　4次：1.2％　5次：0.4％

我想應該所有人都有過連續2次平手的經驗，那連續5次平手的經驗呢？機率0.4％就是在1000回之中只會出現4回連續2次平手。

我們用這樣的方式來看機率好了。當「降雨機率為10％」的時候，各位會帶著傘出門嗎？10％的降雨機率差不多是連續2次平手的機率，遠遠多過連續3次平手的機率。既然如此，那我們實際上「也不是沒有」碰過這樣的機率。而「1％」的機率大概是連續4次平手的機率。結果有些人一看到機率「1％」，大概就會直接選擇不帶傘，覺得「也不是不可能，但就不會下雨」。當我們像這樣把機率套用自己的生活經驗時，就能夠產生稍微不一樣的看法。

我這裡有個問題想問問各位，各位有沒有發生過汽車碰撞的交通事故？在日本內閣府的「交通安全白書」當中，我注意到某年的道路交通事故件數。

交通事故發生件數　47萬2165件　受傷人數　58萬850人

這是警察廳所掌握的「交通事故」的件數與受傷人數（2017年整年間）。那我們能不能把這個數據看成是人生當中遭遇風險的機率呢？

根據我的計算，假如我們都會活到80歲，那麼我們在日本發生汽車事故的機率是27．4％。換句話說，這個機率還比「連續2次猜拳都平手　11％」的機率高。那麼，各位現在覺得自己往後的人生發生交通事故有多高呢？順便跟各位分享一下，本人至今為止已經發生3次的交通事故了。

不要用數字，要用「面積」來思考

一看就能算出3位數×3位數的答案

計算3位數乘以3位數的時候，我們很難瞬間算出答案，但如果用「面積的角度來思考」，有些3位數的乘法就會意外地簡單。

若要換句話說明「用面積來思考」的不同之處，其實也就是「數與量的差異」。回溯西元前的數學，當時所發展的**「歐氏幾何學」是以平面圖形進行思考與驗證，而不是使用文字算式**，所以使用面積或體積等等的「量」來思考數學問題也是理所當然的。有時甚至只要帶入面積的概念，答案就出來了。例如：各位可以心算出999×999的答案嗎？

就算是把算式寫在紙上，計算起來也是挺費工夫的。但如果我們用面積的角度來思考的話，就會得到截然不同的思考方式。我們將「999×999」當成在計算邊長「999」的正方形面積。而我們只要把正方形的邊長放大「1」，就會得到一個

「1000×1000」的正方形。這樣一來，用心算也能算出答案囉（圖1）。

用面積的角度來看，「999×999」的多餘部分就是圖2斜線之外的部分。「1×1000」的部分多了2個，但其中的「1×1」產生重疊。所以我們寫成算式的話，就是下列的算式1。

加以發揮這種「使用面積算法解複雜乘法」的方式，我們也可以輕鬆地計算出58×46的答案。實際畫圖解解看吧。應該可以像算式2一樣算出答案。

一種是用幾何學中的「面積」概念來計算，一種是直接用「數字」來計算，在這一來一往之中，不曉得一直以來數學不好的你，是否改變了對於數學的印象，覺得自己「說不定稍微懂了」呢？

算式1　999×999
$= (1000\times1000) - (1000\times1)\times2 + (1\times1)$
$= 1000000 - 2000 + 1$
$= 998001$

算式2　58×46
$= (50+8)(50-4)$
$= (50\times50) - \{(50\times8) + (50\times[-4])\}$
$+ \{8\times(-4)\}$
$= 2500 + 200 - 32$
$= 2668$

圖1　把999 × 999換成1000 × 1000再計算

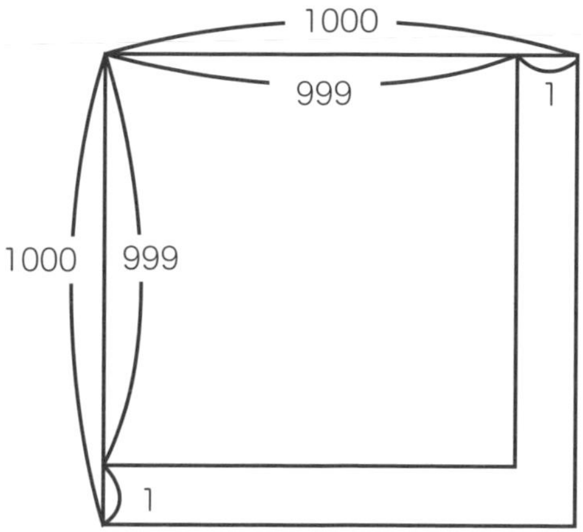

圖2　扣掉多餘的部分

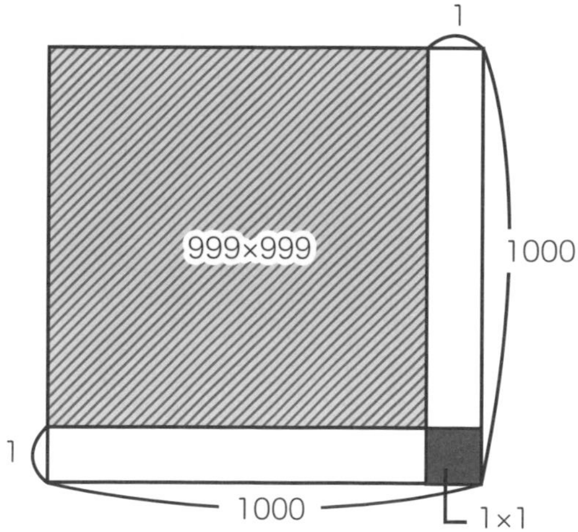

遇到閏年的時候要注意！

利用默背推算出「13號星期五」

「啊！今天是13號星期五欸！感覺不太妙……。」各位也曾經閃過這樣的想法嗎？

其實，我們每年一定都會遇上1～3次的13號星期五，這比一生當中度過聖誕節或元旦的次數還要多。既然如此，各位應該都會開始好奇下個月的13號是星期幾吧？

於是我也在思考有沒有辦法可以簡單地區分哪一天是星期幾。最後，我找到一個不用翻日曆也能靠「默背」算出哪一天是星期幾的辦法。這個辦法是先在1至12月之中，分別找出星期數相同的日期，再以這些日期為基準，計算自己想要得知的日期。

4月到12月的偶數月比較好記，星期數相同的這五個日期數字都是兩兩成對。

4月4日　6月6日　8月8日　10月10日　12月12日

然後2月與3月的這兩天，竟然也是一樣的星期數！

2月14日（情人節）　3月14日（白色情人節）

這樣，我們就已經記住7個日期了。

接著，我用「諧音法」尋找容易記住的日期，最後在其他月份找到這3個可以搭配諧音「7－11」的日期。

7月11日（7－11）　11月7日（11－7）

1月17日（11－7的變形）

最後就剩5月跟9月。這兩個月的數字恰好是都是5跟9。

5月9日（5＆9）　9月5日（9＆5）

這樣我們就記住12個月份的日期了。

星期數相同的日期
4月4日　6月6日　8月8日
10月10日　12月12日
2月14日　3月14日
7月11日　11月7日　1月17日
5月9日　9月5日

接下來，就要用心算來推算出自己想要知道的日期。舉例來說，假設今天是4月20日（一），那我們就試著用這個日期推算出11月13日是星期幾。

首先，我們確定「4月4日」與「11月7日」的星期數相同。

4月20日與4月4日相差16天，而一星期為7天，因此當日期相差為7的倍數時，則星期數相同。4月20日的14天前也是星期一，再倒數2天即是4月4日，所以星期數也要倒數2天，從星期（一↓）日↓六，得到星期六。還記得嗎？「4月4日」與「11月7日」的星期數相同。

11月7日與11月13日相差6天。13日比7日晚了6天，所以星期數要往前數6天，也就是（六）↓日↓一↓二↓三↓四↓五，所以最後得到11月13日是星期五。也可以把6天後看成是7天後的前一天，直接把星期數倒退一天就可以得到答案，也就是（六）↓日。

用這樣的方式，我們便能從4月20日推算出11月13日是星期幾。

另外，遇到閏年的話，1月與2月的基準日就會往回倒退一天（例如：基準日從星期六變成星期五），各位讀者在計算時記得多加留意。

一算便知結果，出乎意料地方便

一眼看出5143、289……這些多位數「可以被哪個數字整除」的方法

通常一看就知道「99可以被3整除」，但被問到「111是否可以被3整除」時，就要稍微思考一下了。有個法則可以一眼分辨「這個數字可以被誰整除」。不管是分攤餐費、分配數量龐大的物品、進行眾多人數的分組等等，只要記住這個法則，答案便一目瞭然。

我們分別來看可以被數字1～9整除的情況吧。不過，「1」應該不需要再多說了吧？應該也都知道只要數字的尾數是偶數，就可以被「2」整除，那麼就從「3」開始吧。

要知道某數是否可以被3整除，方式就是確認該數字是否為「3的倍數」。

「各位數的總合若可被3整除，則該數字為3的倍數」

我們來確認一下是否為真。例如：以456除以3，情況如以下所示。

456 ↓ 4＋5＋6 ↓15，15可以被3整除，所以456可以被3整除

確認 456÷3＝152

以下的算式可以證明這個法則。

而關於其他數字，我們就只為各位介紹法則。

可以被3整除的數字：各位數的總合可以被3整除

可以被4整除的數字：末兩位數字為「00」，或該數字為4的倍數

可以被5整除的數字：末位數為0或5

假設3位數ABC的各位數相加，即「A＋B＋C」為3的倍數，則「100A＋10B＋C」為3的倍數

100A＋10B＋C

＝（99A＋A）＋（9B＋B）＋C

＝（99A＋9B）＋A＋B＋C

99A為「33×3×A」，9B為「3×3×B」，因此皆為3的倍數。而A＋B＋C為3的倍數，因此「100A＋10B＋C」為3的倍數。

可以被6整除的數字：末位數為偶數，且各位數的總和可以被3整除

可以被7整除的數字：6位數以上才有法則

可以被8整除的數字：末3位數字為「000」，或該數字為8的倍數

可以被9整除的數字：各位數的總合可以被9整除

使用這些法則，我們就可以自己寫出有哪些「可以被整除的數字」。舉例來說，使用「末3位為000，則可被8整除」的法則，「8253000」就是「8253000÷8＝1031625」。

「若各位數的總合可以被9整除，則該數字可被9整除」的例子有「123456789」。

換句話說，這9個數字無論如何排列，最終的數字都能夠被9整除。

使用寫上數字1～9的卡片，「然後閉上眼睛，試試看排出一個可以被9整除的數字」。

這是一道絕對不會失敗的數學魔法題。

路上隨處可見，而且任何人都操作過的「那個」一律都是1m？

我們在日常生活中都會使用到各式各樣的單位，有的是用來測量長度，有的測量重量，有的計時等等。而且，我們還會把這些數值與其他人共享。這些數值之所以可以與他人共享，則是因為這些數值的單位正確，而且單位的依據也不受動搖。不過，這邊說的「依據」又是什麼呢？接著就一起來探討大家都習以為常的「單位」起源吧。這裡要介紹的是與生活最密切相關的長度、距離單位。

以「１ｍ」為例。日常生活似乎都會使用到這個長度，但是量遍了身旁的所有物品，卻又找不太到長度「１ｍ」的東西。我在算術教室跟學員分享這件事以後，一位５歲的小朋友就開始測量身邊的所有物品，要找出長度「１ｍ」的東西。然後，他真的找到了，而他說的那個物品就是「自動販賣機的寬度」。在自動販賣機的機型中，有一款機型可以一排陳列10樣商品，據說幾乎所有製造商都將這種機型的機身寬度統一做成1m。也有其他人分享關於他們找到1m長度物品的趣事，不過這位小朋友分享的自動販賣機最讓我印象深刻。

話說回來，「1m」究竟是怎麼制定的呢？

需要為發明之母，「長度單位」也有其歷史背景。地理大發現以後，航海技術的發展愈來愈進步，國與國之間的交流也愈加頻繁，但世界各地使用的單位依然沒有固定的基準，紛亂無章，以致造成許多不便。因此在18世紀末葉，法國就開始制定單位的基準。

「要以什麼作為基準」、「每次測量的結果都不一樣就麻煩了」、「我們要以不變的事物當成基準」……。於是，最後被挑選出來的基準物就是「地球」。1795年，法國決定「以赤道至北極點之間海拔高度為0的子午線弧長的1000萬分之1」為1m。

接著，法國又打造出「國際公尺原器」，用於表示此為「正確的1m長度」之基準。而這件原器是以90％的白金與10％的銥組成的合金打造而成。原器是以金屬打造而成，所以它的長度永遠都正確無誤嗎？其實嚴格來說，既然金屬屬於物質，那麼就還是會產生變化。

因此1960年時，人們決定捨棄以物質定義長度的作法，改用物理現象的數值來定義1m的長度。到了1983年時，又進一步以更加嚴密且正確的修正。

「光在真空中行進299792458之1秒的距離」

這項定義就是現在的1m基準。

正因為有正確的單位，我們才得以將數值跟他人共享。各位應該都有聽過一個名詞，叫做「公制」。這是以長度的單位m與重量（質量）的單位kg為基準的國際統一單位制度。後來人們從「公制」發展出「國際單位制」，定義了7個物理量的單位，分別是「長度（m）」、「質量（kg）」、「時間（秒）」、「電流（A，安培）」、「熱力學溫度（K，克耳文）」、「物質量（mol，莫耳）」與「光強度（cd，燭光）」。有幾個都是生活常用的單位，不論是100m的距離感，還是2kg的體重增加、30分鐘的遲到或誤點，我們都可以憑著感覺去想像，然而這些物理量最根本的單位，都是不可撼動的嚴格數值。

下次走在街上看見自動販賣機時，請各位務必要試著回想起「299792458之1秒」的定義。

第Ⅳ章

能用於人際交流的數學

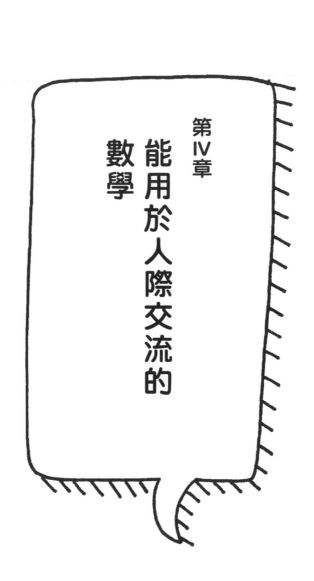

將人緣好的人都在執行的「戀愛藍圖」用質因數分解

▼什麼是用數學角度管理的「數據」？

企業在組織營運、人才採用、市場行銷等方面，都會以數據分析「人與人的關係」、「人們的關注焦點的轉變」，也利用AI分析進行各種研究，將研究成果應用於工作方面。如今已發展出各種關於人類心理的數學研究，挑戰從龐大的數據中揭示人類社會的本質。而對於不擅長數學的人來說，也許聽到「數據分析」，就會想把耳朵摀住，當作什麼都沒聽到。「整理客戶資料」、「把這個月的營業額做成圖表給我」……這些枯燥乏味的數字確實是讓人提不起興致。

不過，其實各位的手中都掌握許多數據，而且每天都在分析這些數據，然後應用在生活上。這些數據就是各位所擁有的「經驗」。

因此我一直在思考，有沒有什麼方法可以用來改善人際關係，而且這種方法還是個人便能駕馭的數學思維。我想到的其中一個方法，就是試著「用數學方式研究戀愛」，這個方法無關性別、年齡與職業，不論是誰都可以帶入自己的情況，簡單又明瞭。

▼何謂以數學角度分析「戀愛數據」？

對了，各位覺得自己受歡迎嗎？這個問題不太好回答，但任何人都還是可以主觀地回答出自己「受歡迎」或「不受歡迎」。為什麼呢？這是因為我們可以從過去累積的經驗（酸甜的經驗？苦澀的經驗？），思考下一段戀愛的對策。而這確實就是數據的累積與整理，是出自於數據分析的思考。

不過，有時就算想著：「下次絕不能這樣！」結果還是重蹈覆轍，又或者戀情出現意料之外的發展，逆轉成幸福快樂的結局，但其實自己根本不懂怎麼一回事……。這樣的情況究竟是為什麼呢？

這是因為我們都是用很籠統的概念去理解「戀愛」這個「集合體」。而我要提出的辦法，就是將「戀愛」分解成「戀愛要素」並進行分析，使用的工具則是**「質因數分解」**。各位如果覺得傷腦筋，發現自己「有點忘了什麼是質因數」，那麼把「質因數」一詞替換成「要素」也無妨。

以數學方式來說明，「質因數分解」就是**「把某個整數分解至質數相乘」**。**而所謂的「質數」就是「只能被1或本身整除的數字」，例如：2、3、5、7、11、13……**。

例如：「18」經過質因數分解之後，就會變成以下的式子。

這樣我們就知道「18」是由要素「2」與「3」所構成。

我們也可以像質因數分解數字一樣，把「大集合分解成小要素再進行觀察」的概念用在戀愛分析。要把「戀愛」分解成各「要素」，最重要的就是決定「分解成哪些要素」。我個人會把戀愛分解成下這些要素。

戀愛＝「認識新對象」×「告白」×「邀約」×「約會」×「關係維持」

18 ＝ 3 × 6
　＝ 3 × 3 × 2

我們再進一步分解這些要素。如下所示，我把這些要素再細分成「做得好」與「做得不好」（不考慮負分的情況）。

「認識新對象」的情況？

◎有很多機會認識新對象，也有很多認識新對象的管道（學校、社群網站、他人介紹）

○有很多機會認識新對象，但基本上只有一個認識新對象的管道

△幾乎沒有認識新對象的機會

「告白」的表現？

◎可以說出自己的心意讓對方知道

○不拐彎抹角就可以表達自己的心意

△無法說出口，只能任時間流逝

「邀約」的表現？

◎總是能跟對方聊得愉快，而且可以進一步提出邀約

○一直都跟對方聊得來，但總是沒有提出邀約氣氛

△不聊天，也難以提出邀約

「見面」的表現？

◎能讓對方覺得開心，自己也覺得開心

〇只有其中一方覺得開心，而另一方覺得拘謹

△雙方都很尷尬

「關係維持」的表現？

◎頻繁地見面或以電話或LINE聯繫

〇約會的頻率不算低，但除此以外不會特別聯絡

△一個月見面一次，不常聯絡

▼寫成算式進行分析

我們來把各個要素的「◎〇△」套入「戀愛的質因數分解」算式裡。這麼一來，就能看出自己的整體戀愛機會度，並且進行自我分析。我們來看看以下這兩個例子。

A＝「認識新對象〇」×「告白△」×「邀約〇」×「見面◎」×「關係維持◎」

B＝「認識新對象◎」×「告白〇」×「邀約◎」×「見面〇」×「關係維持△」

分析A的情況後，我們可以發現比起交往之後的積極程度，A從認識新對象到告白為止的主導權都相對較弱；另一方面，分析B的情況以後，也能看出B在交往前後的落差，比起剛開始的滿腔熱情，交往後就顯得較為平淡。而且，當其中一項要素為「零」的時候，例如：沒有「告白」要素的存在，那麼就算其他要素表現是「◎」，整個算式＝這個人的戀愛就會「歸零＝失戀」。因為零乘以零的結果只會是零。另外，就算告白的表現是「△」，只要其他的要素表現是「◎」的話，還是相當有機會談一場成功的戀愛。

而且，把戀愛要素分解得超級詳細也很不錯。例如：把「約會」要素分解成「兩人在規劃約會時的溝通、互動」與「約會地點的行程全攻略」都很不錯。或許在細分的過程中，就會發現新的要素。要是什麼都沒發現的話，也只要回歸最開始的「約會」要素就行了。

把戀愛分解成各個要素，並進行自我分析，這樣就能客觀地去檢視自己在戀愛中做得好與做得不好的地方，也能客觀地檢視自己與對方適不適合。所謂「受歡迎的人」，都是像這樣分析自己的數據，俯瞰整個戀愛過程，然後成為一個懂得打造「成功戀愛藍圖」的人。像這樣分析以後，各位是不是也找出今後的戀愛對策了呢？

因式分解「戀愛要素」，看懂受歡迎的人為何受歡迎

▼以因式分解的角度，想一想什麼才是理想的約會

介紹完質因數分解之後，接著要介紹**「因式分解」**。聽到這四個字，各位也許會回想起從前做過許多加括號、拆括號的計算。因式分解的算式如下所示。

質因數分解是將一個整數（18）分解成質數相乘（2×3×3），因式分解則是把相加的式子（$ab+b$）用相乘的要素（「b」以及「$a+1$」這兩個要素）來表示。因式分解在做的，就是整理複雜的算是，抓出算式中的共通要素（b）。

前一章節是利用質因數分解的概念分析個人的戀愛趨勢，而這一章節則

$$ab+b=b(a+1)$$

要利用因式分解找出實現理想戀愛的條件。

「約會」包含各種要素，例如：用餐、度假行程、神祕禮物等等。我們就來試著把「概念籠統」的「約會」先寫成一個加法算式吧。

約會＝「用餐」＋「度假行程」＋「禮物」

接著，再試著把約會升級成「理想的約會」吧。

理想的約會＝「在米其林星級餐廳用餐」＋「入住有名的旅館」＋「昂貴的名牌」

接著，我們來分解各個要素，找出成就「理想約會」的條件。

理想的約會＝（用餐×財力）＋（度假行程×財力）＋（禮物×財力）

找出共通要素，進行因式分解。

理想的約會＝財力（用餐＋度假＋禮物）

換句話說，實現理想約會的必備要素就是「財力」。但這樣的結果很難讓人接受吧？畢竟錢不能代表一切。那我們再繼續往下深究吧。

這裡分解出的「財力」稱為係數。就是一開始提到的「$b(a+1)$」的「b」。當係數愈大，整體的數值也會愈大，所以「財力」愈豐厚，「理想約會」的滿足度當然也會愈高。

那我們再把這個「財力」換成別的係數吧。例如：「用心程度」或「接近對方的喜好」。替換成這兩個係數之後，各位覺得呈現出來的是怎樣的「理想約會」呢？

▼繼續來分解其他戀愛因素吧

接著，我們來因式分解另一個戀愛要素「認識新對象」。認識新對象的管道有「社群網站」、「具有共同的興趣」、「他人介紹」等等，我們就試著將這個戀愛要素寫成算式吧。

認識新對象＝「社群網站的追蹤者」＋「有共通興趣的人」＋「別人介紹的對象」

現在我要把「認識新對象的機會」提升為「認識新對象的理想機會」。

為了提升與真愛相遇的機率，所以我要將各個要素都分解成「人數的多寡」，並統整出這些要素的共通點。

認識新對象的理想機會＝「社群網站的追蹤人數眾多」＋「有共同興趣的人數眾多」＋「別人介紹的對象人數眾多」

認識新對象的理想機會＝人數眾多（社群網站的追蹤者＋有共同興趣的人＋別人介紹的對象）

由此可知，當一個人交友愈廣泛，也就是與周遭的交流能力愈好，就愈有好的機會認識新對象。而「人數眾多」的係數也可以換其他要素，例如：「感情比較好」、「相識已久」等等。換成其他係數以後，這項「認識新對象」的戀愛要素品質也會不一樣喔。

像這樣讓結果看起來與數量有直接的關係，抓出各個要素的共通點並進行因式分解，就可以提升「理想的戀愛」當中的「約會」、「認識新對象的機會」的品質。只要運用因式分解的思維，一定對我們的戀愛成就有所幫助。

熟練運用「質因數分解」與「因式分解」

因式分解能幹的人下意識執行的「超效率工作法」

▼接著要因式分解職場上的人際關係

人際關係很難用數字來表達，因此也容易被誤解成不能用數學來分析。不過，只要使用「因式分解」，還是可以分析人與人的溝通交流，建立起更好的人際關係。

經過整理，因式分析的重點有２個。

①把大的事件分解成小的要素

②抓出各個要素的共通點

接著就來看看如何將因式分解應用在工作、職場的分析。工作上會有各種不同的情境，包括：「與上司（部下）的職場關係」、「與廠商（客戶）之間的交涉」、「與顧客的應對往來」等，同時也要面臨許多課題，而這些情況都有機會利用因式分解的分析方式來改善。例如：日本人在顧客經營方面非常注重精神論。「拿出毅力往前衝！」、「沒有做出成果就別回來！」、「有熱情的話，什麼都不是問題！」被老鳥上司或業績頂尖的前輩這麼講，我們大概都會反省自己還不夠努力。不過，真的是這樣嗎？

我們就用因式分解的分析方式，來看看注重精神論的顧客經營有那些要素吧。

精神論的顧客經營＝「幹勁」×「奮不顧身的勇氣」×「堅忍不拔的毅力」×「以客為尊」

結果這樣一看，我們還是看不出來實際應該怎麼做才好……。幹勁與毅力當然很重要，但就算業績真的因此提升了，大概也要付出某些犧牲，而且也沒辦法成為一份成功的經驗。而我們要做的就是因式分解並分析「工作」這個籠統的「集合體」。

我們就把建立信賴關係視為顧客經營的目標，來看看「理想的顧客經營」。

理想中的顧客經營＝「見面時的印象」×「溝通交流的頻率」×「了解程度」×「共通利益」

建立良好的「見面時的印象」，增加「溝通交流的頻率」，並提升「了解程度」，這些要素就有希望發揮出加乘效果。而且，假如能夠追求彼此的共通的利益，也有機會做到雙方都滿意的理想顧客經營。

▼進一步以因式分解深究工作強者的工作術

我各位也試著再分解以上的３個要素吧。以「理解程度」為例。我們要深究的是對於什麼事情的理解。只要各位夠敏銳、用心，就可以把「了解程度」再拆得更細，像是：對於「顧客需求」（要求、課題）的了解程度；要了解「整個業界的課題」，不能只了解對方公司；要了解「經營者的方針」，不能只知道對方公司經歷。

理想中的「了解」＝「顧客需求」＋「經營者的方針」＋「業界的情況」

把要素分解得愈詳細，各位是不是就愈看得清楚「必須做的事情」呢？接下來，我們還要因式分解真正可提升了解程度的具體行動。

我們用「想要解決的事情＝課題」來分解這些要素。

理想的「了解」＝「顧客×課題」＋「經營者×課題」＋「業界×課題」

＝課題（顧客＋經營者＋業界）

整理到這邊，各位都看得出來「理解」就是要了解（顧客＋經營者＋業界的）課題。當我們愈了解要面對的課題，就可以掌握顧客的需求、經營者的方針，並且解決業界所面臨的問題。以上只是我舉的例子，請各位也自行想像理想中的工作，然後試著因式分解。

最後，在櫃台銷售、客服、餐飲店等等「接待顧客」的服務業中，如何解決客訴也成了一個社會問題。提供給顧客的服務（商品）沒能獲得滿意評價，反而讓顧客抱怨連連，並不是服務業的本意。我們試著因式分解客訴的成因有那些要素，但這邊暫時不討論無理取鬧的不合理客訴。

客訴＝「不了解顧客的課題」＋「不了解提供的服務（商品）與顧客的想法有落差」
＋「不了解自己的說明不足」
＝不了解（顧客的課題＋服務與顧客的想法有落差＋自己的說明不足）

只要我們能把「不了解」改變成「了解」，相信就能夠成功逆轉顧客方的情緒。換句話說，只要改變我們看待客訴的方式，獲得的也許就是致謝而不是客訴。

假如一生會跟10個對象交往，從第4個對象以後選擇結婚對象是最佳做法？

在人生中的重大抉擇中，其中一個就是選擇結婚對象、伴侶。這個問題通常都讓人猶豫再三，沒辦法果斷做出抉擇，像是：「我想在30歲之前結婚」、「未來應該會遇到更好的人吧」、「我並不是眼高手低，但我真的沒辦法跟這個人共度一生」等等。其實，我們可以利用數學找出理想的結婚對象。

這個方式就稱為**「祕書問題」**，是一種挑選最佳對象的方式。簡單來說，就是**「假設一生當中會跟『100個人』交往，當『第37個人』以後出現了理想對象，而且更勝於『前36個人』之中最理想的對象，那麼就可以選擇與那個人結婚」**。祕書問題的證明還需要使用數列、對數與積分，所以我這裡就只介紹應用的方式。

例如：「假設現在是20歲，目標要在30歲之前結婚，那麼前面36%的交往對象都要放棄，

在37%以後的交往對象之中，若出現了一位比前面36%的交往對象都更加理想的人時，這個人就是最適合結婚的對象」。

到這裡為止，我想應該有很多人都開始有疑問，包括：「我又不曉得自己一生會跟幾個人交往，怎麼會知道我選擇的對象是不是在37%以後的範圍裡？」、「在前36%的對象之中，不論與對方多相愛或速配，一樣必須放棄嗎？」等等。

祕書問題的重點有2個，第一個是「別在無法判斷的時候做抉擇，要先建立好判斷的標準」。第二個則是「一旦出現符合標準的人，那就是最適合的人」。

我們就應用這2個重點，來看看以下的問題吧。

●在相親活動等場合上，先根據前36%的對象建立標準，然後從37%以後的對象中尋找理想的對象。

●假設現在20歲，每年都會認識一個新的交往對象，並且想在30歲以前找到結婚對象。這樣的話，20～23歲認識的交往對象（10年間的前36％）都不能列入考慮，若是24歲以後出現了一位比先前遇到的人都更加優秀的對象，就決定與此人結婚。

我們可以像這樣將自己尋找對象的期間範圍設為100，然後再算出37％以後的範圍即可。不過，這個方法並不保證我們在37～100％的範圍裡找到的那個人一定會同意結婚，這一點請多加注意。

祕書問題不只能應用在結婚對象的選擇，我們也來看看其他例子吧。假如我們想要買一個包包，於是前往賣場或店舖挑選，這時請牢記「衝動購物是大忌」，假如我今天要逛10間店的話，無論在前3間店看到多好看的包包，都絕對不能買」，應該就是最適合又有效的購買指南。

不曉得該怎麼發揮才有效果、該怎麼判斷才會對自己有利時，每一次都只要像這樣思考，數學的智慧就可以用來幫助我們做出判斷。

用「集合」來表示人際關係的話……

用聯集的角度來看「拉近人際關係的方法」

▼有客觀看待人際關係的方法嗎？

「我在職場上都沒辦法跟人溝通」、「不曉得怎麼把我的心情告訴朋友」、「我跟喜歡的人一直都沒有辦法拉近距離」各位也有過這樣的煩惱嗎？勉強跟對方搭話的話，說不定會讓對方覺得「這個人都只顧著說他自己的」、「幹嘛這麼著急跟我拉近距離」。

接著我要介紹的是一個以數學觀點出發的人際關係建立法，能讓我們順利地拉近人與人的距離。

這裡要登場的工具是**「集合」**，圖1的圖形就是**「文氏圖」**，由英國的數學家約翰．維恩所發明，故稱文氏圖。

那我們就用集合的概念來表示一個人的性格吧。例如：A（你）屬於晚睡晚起型的人，放假時會看個漫畫、電影，喜歡貓咪，養了2隻貓等等，我們可以用各種要素來代表某個人。

接著，再介紹使用集合概念與對方建立關係的5步驟（圖2）。

①一開始，2個○是分開的狀態。分別列舉出彼此「不同」的「個性」。然後我們對對方產生了興趣，所以就去跟對方聊天，發現對方的個性，然後也讓對方知道自己想讓對方知道的一面、跟對方不同的地方。到這裡為止，都是我們自己單方面的決定。

②與對方進行交流以後，慢慢地知道了彼此的共通點，像是：音樂、飲食喜好、愛貓等等。

③接著，我們就要把焦點放在2個圓圈重疊的部分「A∩B」（交集）。重疊的部分展示出「兩人之間有很多共通點」、「彼此的關係是能夠互相珍惜共通點，同時也能尊重對方的個性」。

④進一步進行交流以後，就會往「A∪B」（聯集）發展。對於自己還不了解對方的其他事情產生興趣，也向對方展現對方不曾知曉的自己，強調「要互相關心彼此還不了解的事」。

順帶一提，「A∪B」也可能是以下的發展。畫出2個方向不同的橢圓形，更加強調彼此

圖1　集合

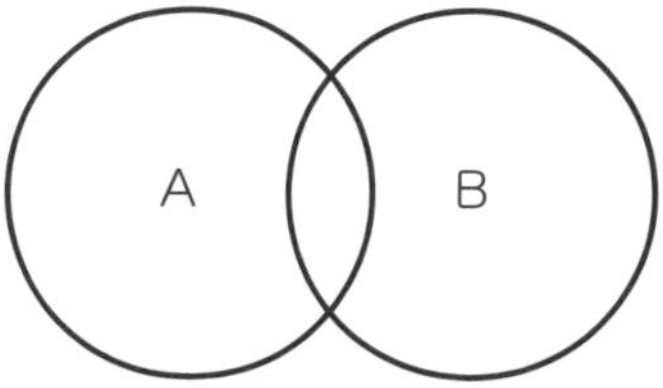

具備要素A的集合A與具備要素B的集合B。

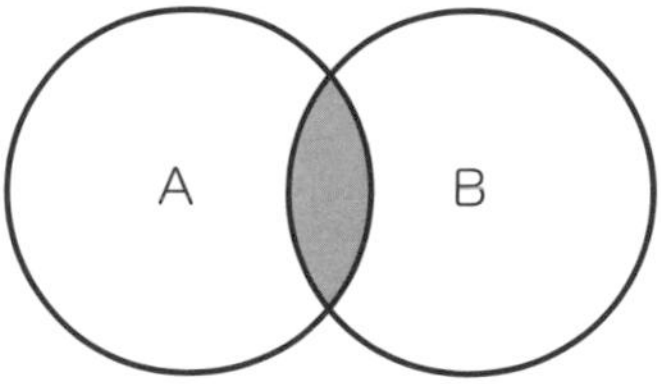

A與B重疊的部分稱為「交集」，寫成A∩B（A交集B）。

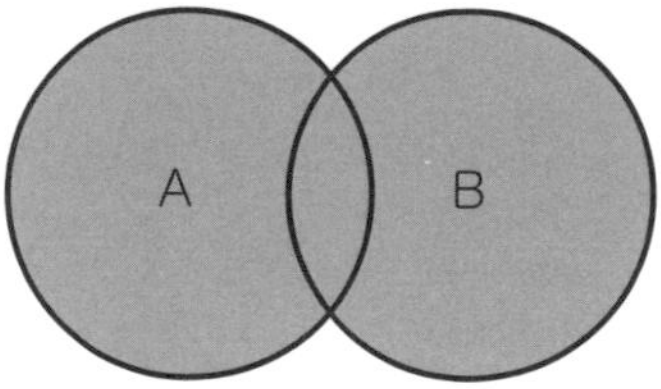

具備A或B任一要素的集合稱為「聯集」，寫成「A∪B」（A聯集B）。

的「不同」。然後將橢圓的下方重疊，這樣從「A∩B」發展至「A∪B」，就會呈現一個愛心形。

假如對方也是數學愛好者的話，用「我們之間有著聯集的關係，所以請你和我交往」來告白說不定真的行得通……。不過，坦白講我還是不太建議這麼做。不妨換成「請你和我一起建立愛心形的關係」，各位覺得如何呢？

圖 2　拉近關係的方法

了解「集合」的概念，就能看出開會的效率之低

3個人以上的對話為什麼會難以進行

▼2個人對話時會發生什麼事？

俗話說：「三個臭皮匠，勝過一個諸葛亮。」各位實際上也有這樣的經驗嗎？實際上3個人湊在一起時，反而可能每個人的意見都兜不攏，不用說勝過諸葛亮，說不定彼此的意見還會互相糾纏，結果變成糾纏不清的連環船。各位也有這樣的經驗嗎？明明在一對一的時候，不論對話或意見交流都很順利，結果加入了第3人以後，就變得愈來愈難發言。

從2人對話變成3人對話，看起來似乎只是產生小小的變化，但如果使用前面介紹的「文氏圖」來看，就會發現關係瞬間變得很複雜。

用文氏圖來表示你（A）一個人的時候，與人的關係雖然是「0」，但因為文氏圖可以表示你個人的要素，所以我們就視為「1」。當出現了另一個人（B）的時候，人際之間的關係就增加到3個（圖1）。※不包含「聯集」與「A與B以外的要素」（補集）。

1：自己A　2：對方B　3：自己A與對方B的共通點

對我們自己來說，就算原本打算在範圍**3**的部分跟對方好好交談，但實際上還是有可能出現「提及對方B不曉得的事情」、「不小心說了對方B討厭的事情」等情況。

▼3個人對話時會發生什麼事？

那麼，當對象增加1個人，變成3個人在講話時，又會變成什麼情況呢？

1：自己A　2：對方B　3：對方C　4：自己A與對方B的共通點
5：自己A與對方C的共通點　6：對方B與對方C的共通點
7：自己A與對方B與對方C的共通點

瞬間變成了7種關係在同時進行。各位真的看得懂這樣的關係嗎？

圖1　以文氏圖表示2個人的關係

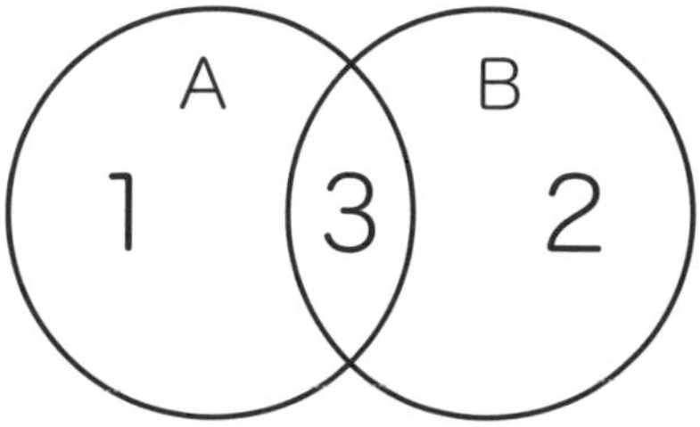

1：A　2：B　3：A∩B

圖2　以文氏圖表示3個人的關係

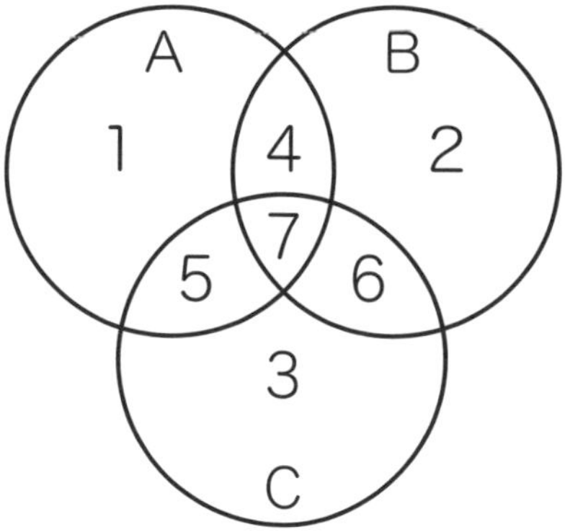

1：A　2：B　3：C　4：A∩B
5：A∩C　6：B∩C　7：A∩B∩C

當3個人一起談話時，或許對方B與C的對話是自己A不了解的內容（**6**），又或者原本打算3個人融洽地對談（**7**），但其實談的內容是對方B不了解的事情，結果最後又變成了關係**5**。假如沒辦法像這樣客觀地看待彼此之間的關係，就會產生嫌隙。

當對談的人數在3人以上時，有些人就會覺得很吃力，這是因為在對談的過程中出現了與自己不相干的關係（**2**、**3**、**6**），而陷入「那個人在想什麼」、「我的發言會對應到哪一種關係」等等的困擾。

4個人的人際關係

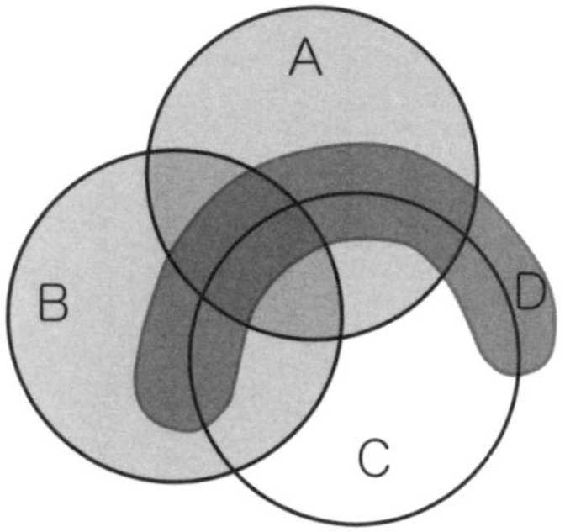

以上的文氏圖讓我們知道與人交談時必須像這樣考慮彼此的關係。上圖是以文氏圖表示4人對談時的集合情況，人際關係瞬間增加到15種。

順道問各位一句：下一次開會打算找幾個人來呢？

第V章 讓人忍不住想試一試的數學

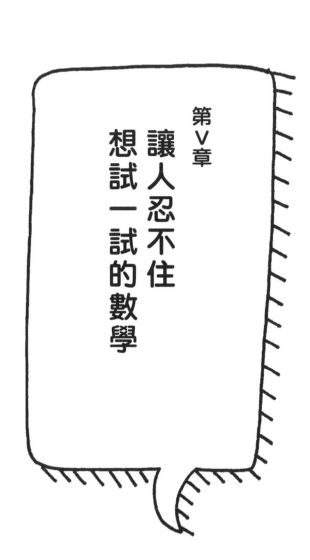

完美地把圓形蛋糕切成3等分的方法

把圓形對半切就是2等分、十字切就是4等分，都是簡單易懂的切法。那麼，如果是3等分或6等分，你會怎麼切呢？我們在生活當中經常遇到將圓形等分的情況，例如：平均分配蛋糕或比薩等等的圓形食物，現在先學起來的話，需要時就可以完美地分成3等分。

請各位將圖1的圓形想像成比薩或蛋糕的俯視圖。接著，我來說明如何切成最接近3等分的方法。想要把圓形分成3等分，就必須要區分成3個120度的扇形，那麼我們要怎麼找出落點的基準呢？想要把圓形分成3等分，首先就要像圖1的步驟①一樣，先在腦海中想像出4條橫向的等分線。接著，從最上面至圓心切出一條半徑（②）。然後，再從圓心往左右兩邊各切一刀至第4條等分線與圓周的交點（③）。

這樣一來，扇形的角度就會是從頂點至第2條等分線的90度，再加上第3條等分線至第4條等分線的30度，就是120度了。這樣幾乎可以正確地將圓形切成3等分了。

有些人可能會很疑惑，這樣真的就能切成3等分嗎？實際切切看以後，各位就會發現意外地好切，所以請各位一定要試試看，體驗這個方法有多麼地順手。

順便告訴各位，如果要切成6等分的話，直接通過圓心切出直徑即可。

圖1　完美地把圓形蛋糕切成3等分的方法

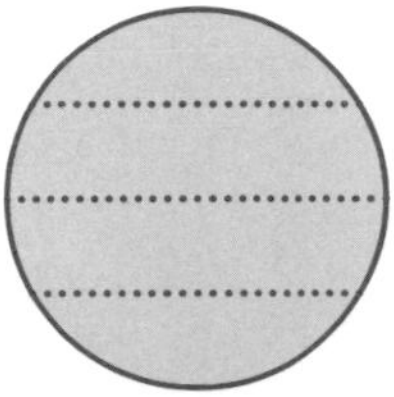

①想像出4條從上至下排列的等分線。

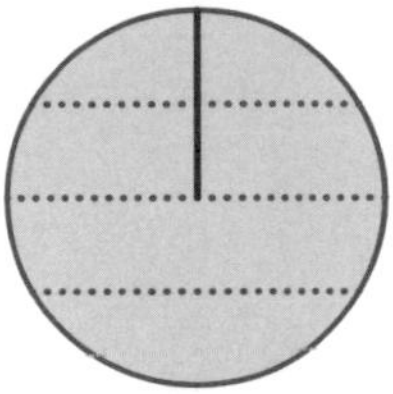

②直向切至圓心。

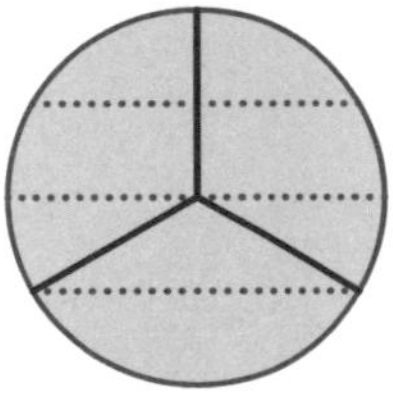

③從圓心切到第4條等分線。

圖2　完美地把圓形蛋糕切成6等分的方法

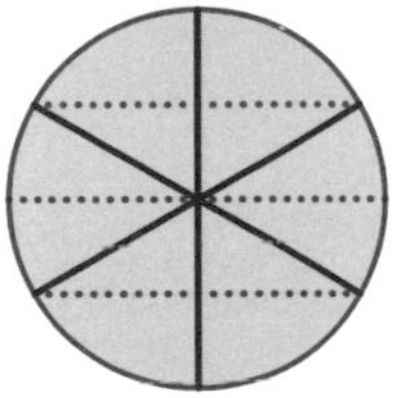

在3等分的步驟③時，通過圓心切出直徑。

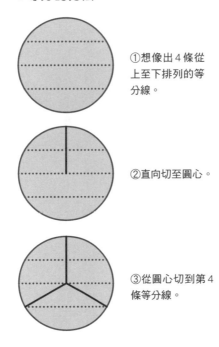

完美地把正方形蛋糕切成3等分的方法

圖形的等分問題與份量的「大」、「小」有關，牽扯到食物的時候，更有可能發生爭執。而且這樣的情況不只會發生在圓形的等分，就連正方形的等分也是一樣。

請各位將圖1的正方形想像成巧克力蛋糕的俯視圖。假如要正確地將這塊蛋糕切成3等分的話，該怎麼做才好呢？各位也許會認為正方形跟圓形不一樣，只要用目測的方式，基本上就可以切成3塊均等的長方形，但不管是直向切還是橫向切，蛋糕上面的巧克力裝飾都不會公平地落在3塊長方形上，這才是最大的問題。

不只上面的裝飾要公平分配，就連側面的比例也希望達到一致。其實，有一個將正方形分成3等分的方法，就可以解決這個巧克力蛋糕的分配問題。

首先，我們要先在正方形的周圍，找出2個「單邊與$\frac{1}{3}$邊」以及「2個$\frac{2}{3}$邊」的基準點。接著，再從正方形的2條對角線找出中心點，然後從各邊的基準點切到中心點

圖1　把巧克力蛋糕切成3等分的方法

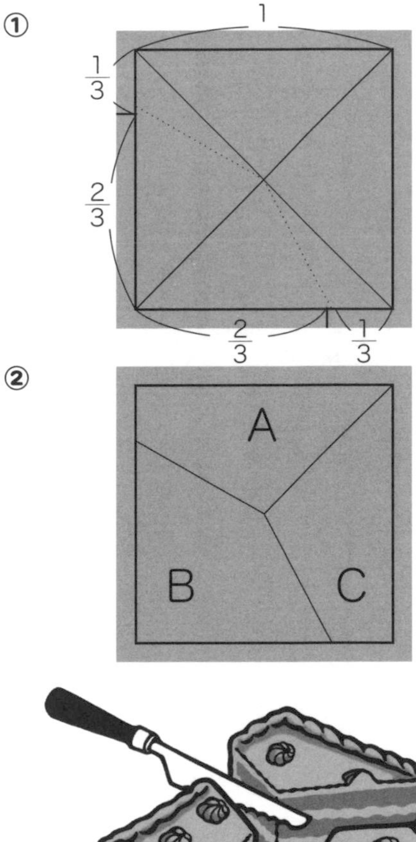

（圖1）。這樣就將正方形切成3等分了。

為什麼這樣切就會是3等分呢？

我們把正方形的對角線以及剛才的分割線畫出來，就會像圖2一樣有6個三角形。把這6個三角形排在同一條直線上，就會發現它們的高度都一樣。那我們就來看看圖形A、B、C的面積吧。

A：三角形① 底邊1 ＋ 三角形② 底邊的3分之1 → 3分之4

B：三角形③ 底邊的3分之2 ＋ 三角形④ 底邊的3分之2 → 3分之4

C：三角形⑤ 底邊的3分之1 ＋ 三角形⑥ 底邊1 → 3分之4

底邊的長度一樣，高度也一樣，因此可知A、B、C的面積相同。

像這樣就可以正確地切成3等分，不過切出來的蛋糕「看起來不一樣大塊」又是一個問題。這種時候，就請各位把蛋糕切成三角形，用證明的方式來說服對方。

圖2　為什麼巧克力蛋糕是3等分呢？

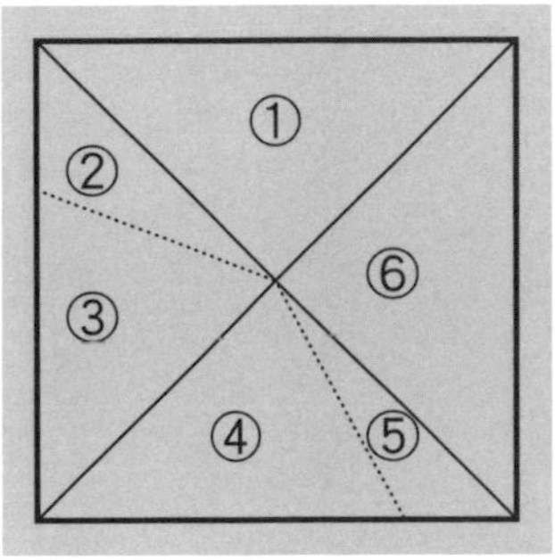

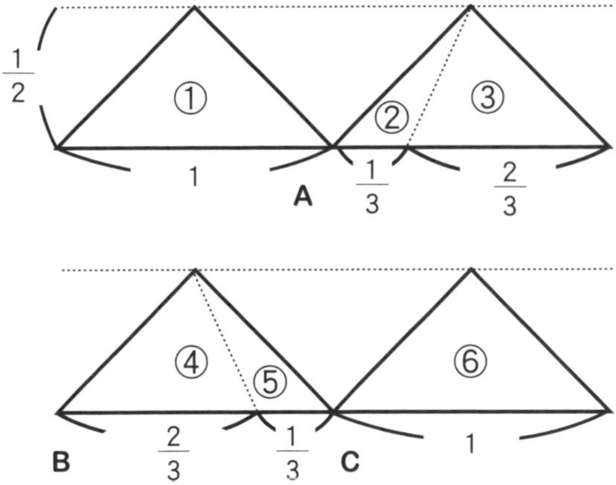

以「理性思考」帶來和平

這樣做再也不會吵架！「情感上可以接受的」羊羹切法

讀到這裡，各位有沒有覺得自己更能接受利用數學方式或思考，去處理人際關係或做出判斷了呢？

這裡我再來介紹一個讓人真的覺得「原來是這麼一回事」的方法。這是運用數學思維，讓人在情感上可以接受的作法。

假如，要讓A、B兩人分食一塊羊羹，在不使用尺規等測量工具的情況下，應該要怎麼切，才能讓兩個人都可以接受呢？以數學的角度來看，只要按照以下3個步驟，就可以得到讓兩人都滿意的結果，我們也來想一想，為什麼這樣做就可以讓雙方接受吧。

①猜拳決定由誰拿刀子切成2份。假設是A猜贏。
②A自己決定從哪裡下刀，把羊羹切成2塊。
③B先選擇自己想要的那一塊羊羹。

重點就在於切羊羹的人與先選羊羹的人是不同的兩人。

負責切羊羹的Ａ不論拿到哪一塊都不會有怨言，接受自己拿到的就是半塊羊羹，而Ｂ也會滿意自己拿到想要的那一塊。

我將這樣的分法稱為**「情感上的2等分」**。

這２塊羊羹實際上也許不是真正的２等分，不過Ａ可以接受自己有「切羊羹的主導權」，而Ｂ即使沒有切羊羹的主導權，但可以接受自己有「優先選擇權」。

那分給３個人（Ａ、Ｂ、Ｃ）的話，應該怎麼做呢？這種情況一樣可以使用**「情感上的3等分」**。

①猜拳決定由誰拿刀子切。假設是A猜贏。

②A決定從哪裡下刀，把羊羹切成2塊。

③B先選擇自己想要的那一塊羊羹，A拿走剩下的一半。

④A、B各自將自己手上的羊羹切成3塊。

⑤C分別從A、B切成3塊的羊羹中各拿走1塊。

用這樣的方式，每個人就會從「6塊」的羊羹各得到2塊羊羹。

3等分的重點所在，同樣是每個人都扮演不同的角色。不論是A還是B，都接受自己切下的6分之2塊羊羹，而C則是接受自己所選擇的6分之2塊羊羹。這樣的3等分方式在情感上同樣成立。

這樣的手法也許不存在數學上的正確性，但「情感」這個共通的衡量標準卻讓3個人都接受這個結果。數學思考也能讓人與人的情感天秤達到平衡。

讓每個人都可以接受的羊羹切法

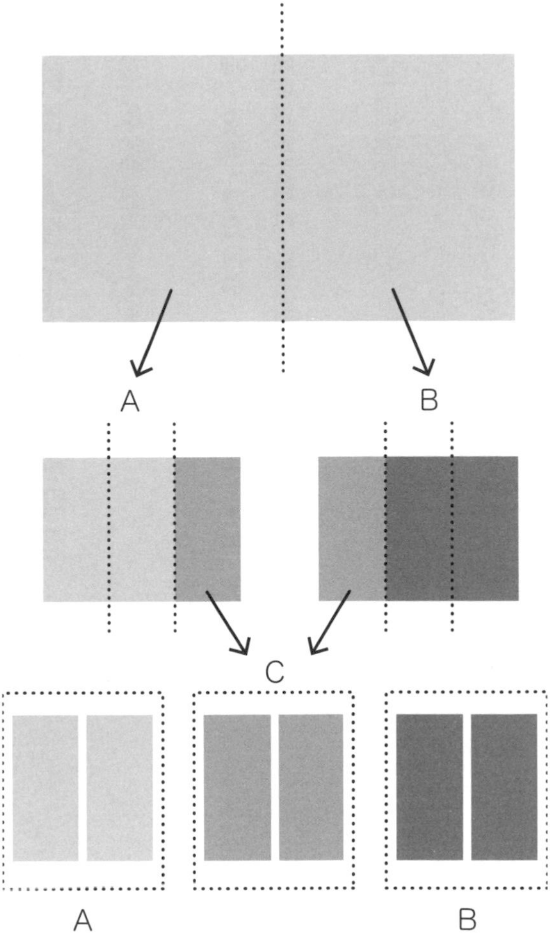

小孩都會算但大人算不出來的數學問題

請各位跟我一起來動動腦吧。首先是第一個問題。

如圖1所示，這是一張方格紙，每一格的邊長為1㎝、面積為1㎠。請在這張方格紙上畫出面積為2㎠的正方形。

各位也被這道問題困住了嗎？好像知道答案，卻又解不出來。其實這是因為每一個方格都是邊長1㎝的正方形，我們自然就想按照這些方格來「畫正方形」，所以才會被侷限住思考。把2個方格連起來的面積就是2㎠，只是形狀並不是正方形而是長方形，於是我們的思緒就卡在這裡。

圖1　每1格邊長為1㎝的方格紙

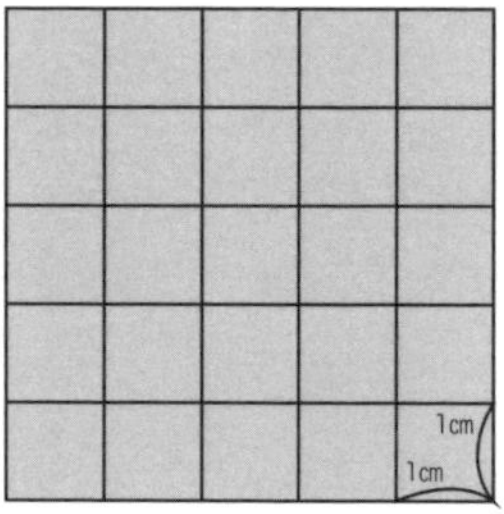

圖2　2cm²的正方形

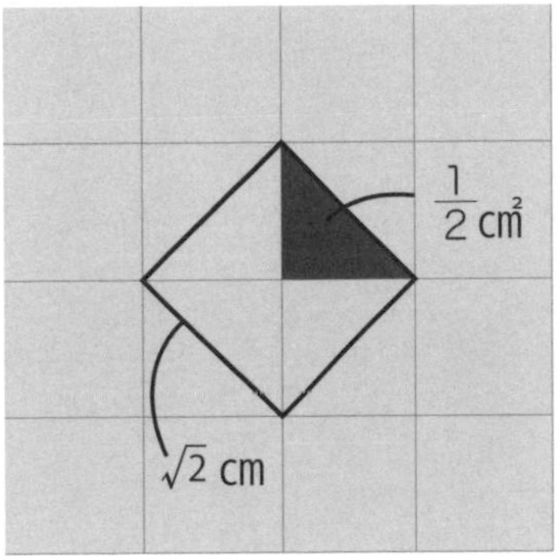

圖3　畢氏定理

$$a^2+b^2=c^2$$

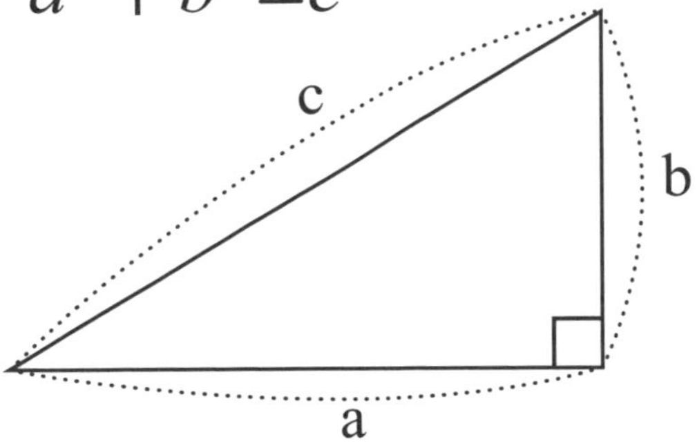

在直角三角形中，若*a*邊與*b*邊的夾角為直角，
則兩邊的平方和為斜邊的平方。

不過，把這個問題給小學生看的時候，他們瞬間就會想到如何解出這一道問題。

那就是只要把方格畫一條對角線，就會變成2個三角形。

這些三角形就可以像圖2一樣，拼成一個以方格的對角線為四邊的正方形，而且也說得通正方形面積為何是2㎠。這個正方形共含有4個三角形，每個三角形的面積是小正方形的一半，因此面積就是2㎠。

小學生靈光一閃的解法，其實隱藏著數學圖形的理論，那就是「**畢氏定理**」（圖3）。

把一個方格畫一條對角線，就會出現2個等腰直角三角形，而等腰直角三角形的邊長比為「1：1：$\sqrt{2}$」，因此方格的對角線長度就是$\sqrt{2}$㎝。然後，以4條對角線為邊長的正方形面積就是「$\sqrt{2}$㎝×$\sqrt{2}$㎝＝2㎠」。

接著是第二個問題，請各位繼續跟著我一起動動腦吧。

請在與上一題相同的方格紙上畫出面積為5㎠的正方形。

只要各位從第一題的經驗發現「正方形的邊長必須是$\sqrt{5}$，相乘才會得到5」是關鍵，想必就已經掌握住數學靈感的要領了吧。那我們要怎麼得到$\sqrt{5}$呢？這時一樣要用畢氏定理。像圖4一樣，以2個相連方格的對角線為三角形的斜邊，此時三角形邊長比為1比2比$\sqrt{5}$，接著再將4條長度同樣是$\sqrt{5}$的對角線連起來，就得到一個面積為5㎠的正方形。

這道問題還有一種不必用使用根號的解法，只靠單純的面積概念就可以得到答案。首先畫一個像圖5一樣的十字形，共有5個方格，因此面積是5㎠。接著再像圖5下方一樣，把2格相連的方格畫出對角線，得到4個三角形，然後再移動這些三角形，就會得到一個面積為5㎠的正方形。

數學靈感可以讓我們利用畢氏定理找出理論上的解法，而利用面積概念的解法則給人腦帶來不同於理論思考的刺激。不論是哪一種解法，想必都能有效地激發我們的數學腦。

圖4　5㎝²的正方形

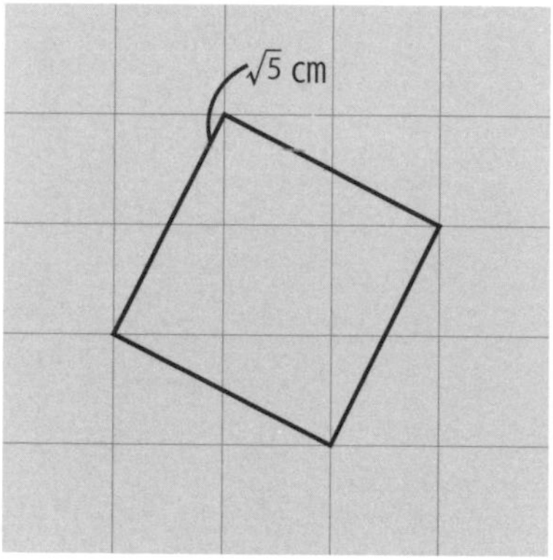

圖5　5㎝²的正方形畫法

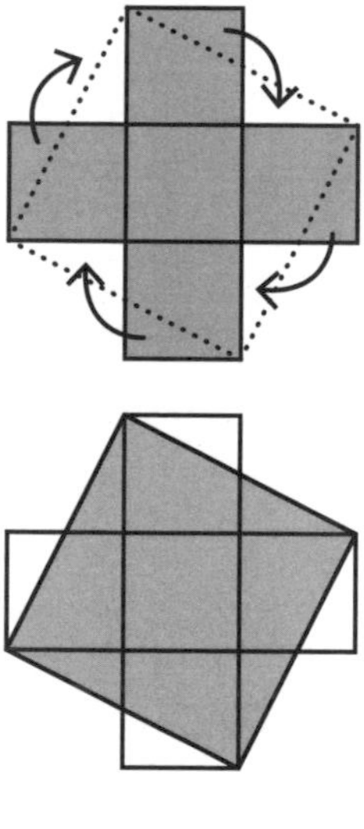

明天就拿這題去考一考其他人

摺紙可以解決困擾古希臘數學家的尺規作圖？

請各位回想小學的數學課，老師教圖形時應該都教過怎麼使用直尺、圓規以及量角器正確地畫圖形，並且重複這樣的訓練。古希臘數學家看見這些小學生畫圖的模樣，肯定會相當感動，因為他們使用的量角器實在是太方便了。

古希臘的數學家有「尺規作圖的三大難題」。

在只能以圓規與直尺進行作圖的時代，只靠直尺與原規是否能畫出以下這3個圖形，一直是古希臘人的數學研究課題。

給定一立方體，請畫出一個體積為此立方體2倍的立方體（倍立方）

給定一圓形，請畫出與此圓面積相等的正方形（化圓為方）

給定一角度，請將此角三等分（三等分角）

現代人已經證明只使用「直尺與圓規」不可能完成這3道尺規作圖的問題。不過，其實「三等分角」是可以不使用直尺與圓規，改用「摺紙」就能完成。請準備一張紙，我們實際來試試看（如下頁）。

早在西元前就存在著困擾古希臘數學家的尺規作圖3大難題，現代人在1837年證明只靠「直尺與圓規」不可能作答。直到1980年，才有人證明可以透過摺紙解決「三等分角」。證明者為阿部恒先生，為前日本摺紙協會事務局長。

而且，沒想到阿部恒先生後來又證明摺紙也能解決「尺規作圖三大難題」中的「倍立方」。

古希臘的數學家們要是知曉，可能會懊悔自己當初為何沒想到這個方法。

用摺紙解決三等分角問題

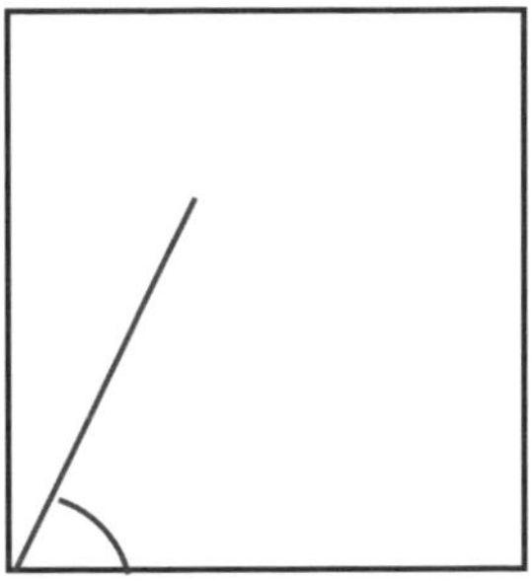

①以紙張的任一邊為底邊，並隨意畫一個角（要把這個角三等分）。

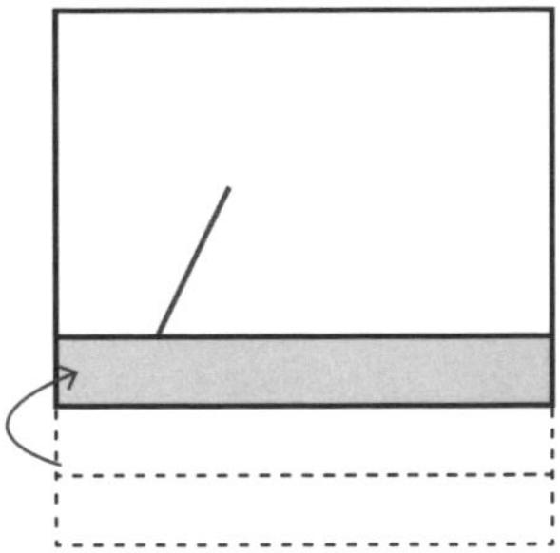

②以任意寬度將底邊往上重複摺2次。

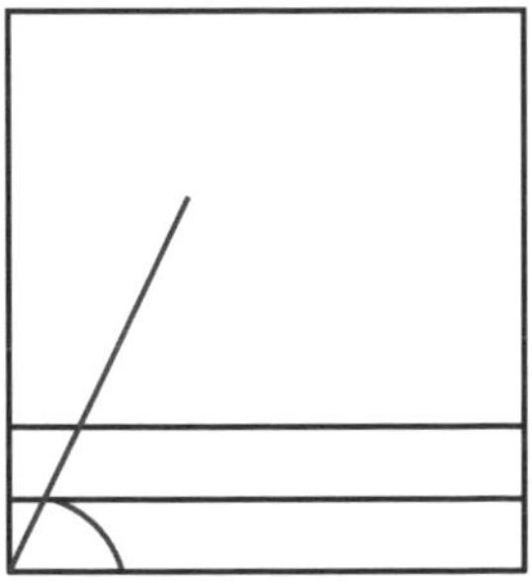

③將2條摺線畫出直線。

接下頁

用摺紙解決三等分角問題（接上頁）

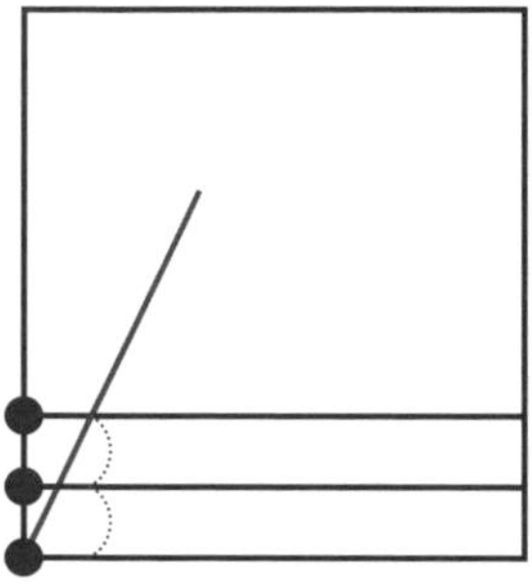

④在紙張的邊緣，標示出步驟③的摺線點以及角的中心點。

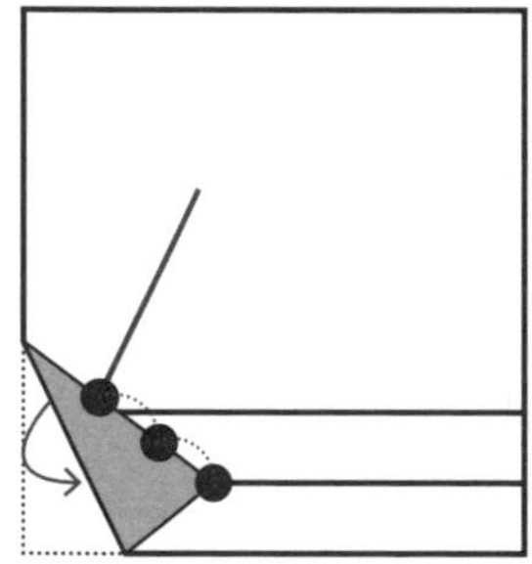

⑤把角的中心點往上摺到第 1 條摺線、把第 2 條摺線的摺線點摺到第 2 條摺線上，並在紙上標記出角的中心點以及第 1 條摺線點所覆蓋的位置。

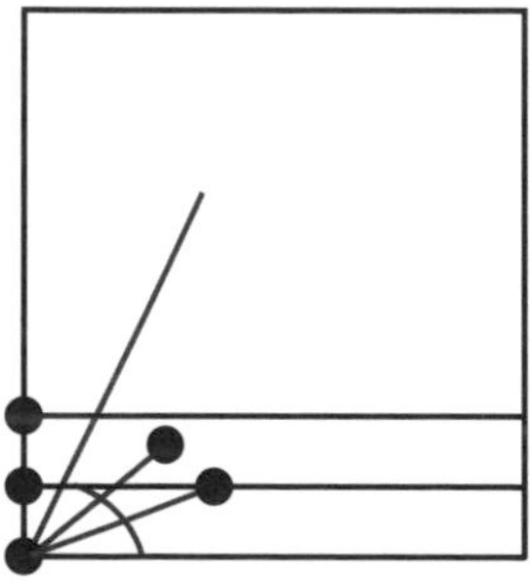

⑥從角的中心點分別連線到步驟⑤的 2 個標記點。這 2 條線會將原來的角三等分。

「摺紙」能夠摺出曲線嗎？

飛向宇宙的日本摺紙

「摺紙」可以摺出曲線？飛向宇宙的日本摺紙2010年5月21日，日本種子島宇宙中心的H-IIA運載火箭升空，成功前往外太空，上面運載了全世界第一台「太空帆」，名為「伊卡洛斯號（IKAROS）」。太空帆的正式名稱為「小型太陽帆試驗太空船」，當太空帆在外太空揚起每邊長達14m的四角「船帆」後，便能以船帆上的太陽能電池為動力，獲得推進力。這項試驗大獲成功，然而當時在開發「船帆」時曾經面臨一個大問題。那就是要用什麼方式，才能把這張巨大的船帆安裝在1.6m×0.8m的小小機身上。

太空帆的設計是將捆好的船帆固定在太空船，船帆的四個角落掛載重量，這樣便可在外太空利用離心力揚起船帆。而開發者煩惱的問題就是該如何摺疊船帆。

讓這個問題得到解決的，正是日本的傳統文化——「摺紙」。太空帆的開發者在設計了各種摺法後，都反覆驗證過這樣的摺法是否可行。

小型太陽帆試驗太空船「IKAROS」

照片提供：JAXA

現在，隨著研究開發的進步，各領域都在研究如何以重量輕巧的材料，開發出紙片般輕薄卻堅韌強固的產品。摺紙的手法與創意，同樣也應用在這些研究開發。

筑波大學的三谷純教授是電腦圖學領域的專家，致力於幾何模型化的研究。在他的研究一環當中，針對「幾何學×摺紙」的研究深深吸引我的目光。他以自行開發的軟體，設計出複雜的立體展開圖，但在設計上都遵循著傳統摺紙的規則，例如：「用一張紙就能完成」、「不可切割紙張」、「不使用黏貼工具」

等等，都是我們熟悉的摺紙原則。僅僅一張紙竟能變出這麼複雜的形狀，是我想都沒想過的事情（如下頁）。

以數學研究者的創思結合電腦計算，如今在數學領域中已有飛速的發展。而這樣的發展不侷限於某個專業領域的研究，連小學也都根據新教育指導要領，實施「程式設計教育」。一般人可能會以為這只是教導學生學習「設計機器人等機器的程式」，但程式設計教育的對象科目不只有數學與理化，國語與社會也是重要的科目。

學習「程式設計教育」的目的並不在於開發程式，而是去理解這世界上的體系與便利性的背後都存在著「程式」，並且學習如何培養思考能力，去思考哪些領域的哪些課題需要什麼樣的「體系」。

這樣的觀點不僅有本書想傳達的數學思考以及數學探索樂趣，以摺紙實現想像的創思也是一大重點。人類豐富的感性與電腦合而為一以後，想必可以解決社會所面臨的課題，創造更加美好的社會。

以摺紙藝術摺出複雜的立體圖案與其展開圖
（出自三谷純教授）

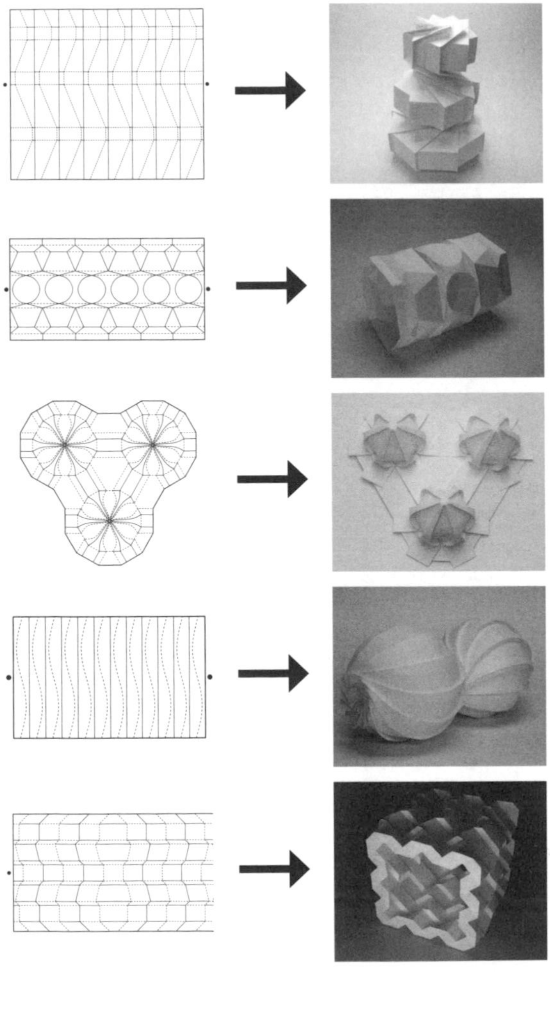

第VI章 想通就會迷上的數學

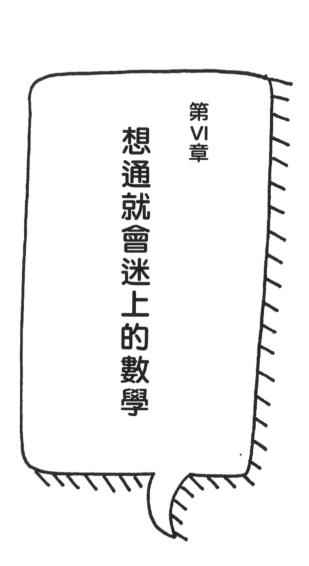

大量繁殖的週期為13年或17年。用數學角度解析蟬的生存戰略

▼為什麼1天是24小時、1小時是60分？

有時在便利性與自然生態的背後，就隱藏著數字與數字的偶遇。

人類將1天訂為24小時，或者說將1天分為上午與下午各12小時，以「1小時」為單位制訂生活的循環週期。這樣的循環週期則是依循人類所制訂的曆法，而曆法的基準以地球自轉1周的時間為1天、地球繞太陽公轉1周的時間為1年、1年有12次（或13次）滿月。

我們日常生活使用的是以0、1、2、3……9、10為基本的**「10進位」**，同時也一併使用**「12進位」**，以1年為12個月、1天為24小時，不覺得有什麼奇怪的。時間單位使用12進位，卻又將1小時分成60分鐘，這是為何呢？

有個說法認為是因為「60」這個數字可以同時存在於10進位週期與12進位週期，所以用60

來分割1小時是最適合的。那為什麼是「60」呢？其實正是因為60是10與12的**「最小公倍數」**。所謂的**最小公倍數，指的是任2個以上的數字在各別的倍數中，最先與重複的那一個數字**。我們就實際來看看10與12的倍數有哪些（如下）。

不同的數字在倍數的長流之中交會，融合彼此的性質，帶來相乘效果，就是我們所認知的「1天24小時、1小時60分鐘」的時間感。

▼利用公倍數研擬生存戰略的生物？

在自然界中，有一種生物非常懂得利用公倍數的概念讓自己的種族得以生存繁衍。那就是蟬。在全美各地都有生命週期為13年或17年的蟬大量出現的現象。由於蟬的數量繁多，當然也會大量繁衍，而牠們的後代在13年或17年後又會大量出現，因此這種蟬也被稱為「週期蟬」。

為什麼只有這2個生命週期的蟬才會大量出現呢？日本的吉村仁教

10的倍數：10　20　30　40　50　**60**　70
80　90　100　110　120…

12的倍數：12　24　36　48　**60**　72　84
96　108　120　132　144…

授是一位致力於破解這項生物之謎的生物學家，他提出的學說引起了熱烈討論。教授把焦點放在數字13與17，由於這2個數字都屬於「質數」（只能被1或本身整除的數字），所以教授認為週期蟬的大量出現與13與17的公倍數有關。他的學說認為，13年蟬與17年蟬之所以能生生不息，就是因為牠們懂得「避開」與其他蟬的生命周期交疊的公倍數。

從前有1年、2年、3年等各種生命週期的蟬，牠們會在各自的生命週期裡羽化成蟬。當生命週期與其他種類的蟬具有公倍數時，該年就會陷入激烈的生存競爭，故而錯失繁衍的機會。我們來看看蟬的生命週期是如何交疊，○是各個週期的蟬羽化的年度（圖）。

生命週期與其他種類的蟬具有公倍數的時候，這些蟬就會經常在某一年與其他種類的蟬同時羽化，而13年蟬與17年蟬只會跟1年生命週期的蟬以及13年蟬（或17年蟬）在同一年羽化。況且，若遇到持續數年的氣候異常，導致生物無法正常繁衍的情況時，每年都要交配的1年生命週期的蟬就會無法繼續繁衍後代，而其他生命週期的蟬則因長期蟄伏在地底，得以繼續繁衍與生存。一般認為就是13年蟬與17年蟬獲得幸運之神眷顧，才能像這樣挺過生命週期的公倍數之戰以及大自然的環境變化。而且，13與17的最小公倍數為「221」，兩者

圖　各週期的蟬羽化的年度

(周期)

(年)	1	2	3	4	5	6	7	8	9	10	11	12	13	14	15	16	17
1	○																
2	○	○															
3	○		○														
4	○	○		○													
5	○				○												
6	○	○	○			○											
7	○						○										
8	○	○		○				○									
9	○		○						○								
10	○	○			○					○							
11	○										○						
12	○	○	○	○		○						○					
13	○												●				
14	○	○					○							○			
15	○		○		○										○		
16	○	○		○				○								○	
17	○																●

在同一年羽化的機會可謂少之又少。

美國各地的週期蟬並非都在同一年大量出現，每個地方出現的時間會有所不同。2016年的時候，只有俄亥俄州、賓夕法尼亞州等地大量出現17年蟬，據說數量多達數十億隻。而2004年曾大量出現在紐約周圍的週期蟬，下一次出現的時間則是2021年。

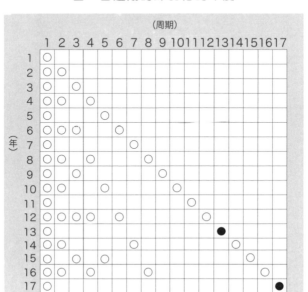

看似複雜，實則超有效率的蜂巢

如同人類巧妙地利用三角形的性質，打造出堅固的建築物，自然界裡同樣也有生物能讓人感受到牠們所具備的數學圖形概念。這次要介紹的生物就是蜂，特別是蜜蜂。

蜜蜂都是以漂亮的六角形為蜂巢的基本形狀。各位大概都有機會在電視上看到養蜂農場採集蜂蜜的景象，應該都看過同樣大小的六角形（六角柱）整齊劃一排列的樣子吧。那麼，各位知道為什麼蜂巢的形狀都是六角形嗎？

如果是給幼蟲的育兒室，圓形（圓柱）當然也沒問題，但是將圓形的蜂房排列在同一個平面時，蜂房與蜂房之間就會產生空隙（圖1）。這麼一來不但浪費了空間，也要耗費更多的築巢材料（蜂蠟）。

圖1　假如蜂房是圓形的話……

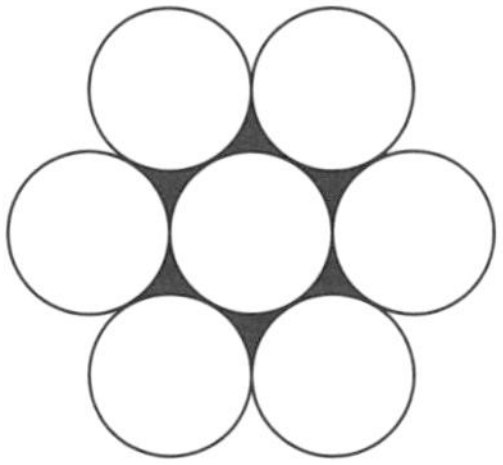

像蜂巢這樣**以同樣的圖形填滿整個平面，不留下一點空隙，我們稱為「密鋪」**。正多邊形（多角形的每個邊的長度相等，且每個內角的角度皆同）是適合密鋪的圖形之一，其中只有正三角形、正方形、正六角形符合條件。

蜜蜂採用六角形建立蜂巢，因為三角形的空間過於狹窄，而正方形又不夠堅固。蜂巢是居住著整個蜜蜂家族的集合住宅，必須足夠堅固，且每一間蜂房都要有足夠的空間讓幼蟲好好活動。我們將這種以**正六角形密鋪的構造稱為「蜂巢結構」**，其名稱就是來自於蜜蜂（蜂蜜）。

蜂巢結構的確提供良好的居住條件，但要建造這麼複雜的蜂巢不是很辛苦嗎？而我發現了蜜蜂們的數學概念。

以下是我個人的假說。假設蜜蜂從出發點往2個方向各建立一道牆，這兩道牆之間的夾角是正六角形的內角120度。牆面延伸至一定長

圖2　蜜蜂的超高效率築巢法

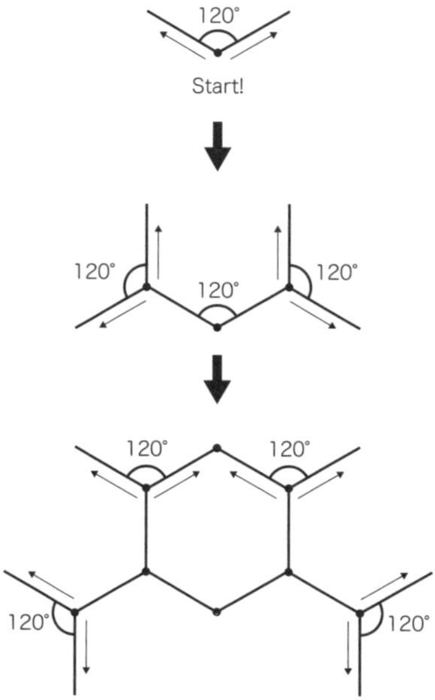

度後，再以牆面的終點為基準點，繼續建造兩道夾角為120度的牆。如果是1隻蜜蜂在築牆的話，就會一直重複著這樣的步驟，並不曉得要築出一個六角形。而只要兩道牆的長度與夾角的角度都是正確的，便會跟其他隻蜜蜂築起的牆相連（圖2），透過這樣的連接就可以有效率地築成蜂巢。

有空就會畫「碎形」

讓人著迷不已的美麗圖形「碎形」在超市就買得到？

閱讀了本書前面的那些內容後，各位應該都愈來愈了解一件事，那就是培養數學腦的敏銳度與數學思考的機會，不僅限於紙上的數字與計算。不論是看著某個人也好，看著某棟建築物也好，我們都能夠從中發現數學的趣味與美。例如：超市的蔬菜販賣部就是一個例子。

各位見過圖1的蔬菜嗎？這是原產於歐洲的「寶塔花菜」。近年來似乎也開始在日本栽培、販售。我在超市看見這個蔬菜的那瞬間，就對它產生濃濃的興趣。我並不是在想吃起來的味道如何，而是因為它的形狀具有「幾何學的美感」。對於我來說，寶塔花菜的存在不是做成料理，而是用來欣賞它的美，真的是一款不必食用就能成為大腦養分的完美蔬菜。

寶塔花菜的花蕾（花與花苞）由下至上連成螺旋狀，整顆寶塔花菜呈現完美的圓錐狀。圖片放大後可以看到每個花蕾都是寶塔花菜的縮小版，形狀符合數學上的相似。

而且，無論把花蕾放得再大，觀察到的形狀一樣是寶塔花菜的相似形。這種**「部分與整體為相似」的關係一直連續不斷的圖形，就稱為「碎形結構」**。

碎形結構也稱為**「自相似」**，意思是「不論放大還是縮小，看到的都是一樣的圖形」。「碎形」是一個讓人想要用來造句的詞彙，像是「這幅畫作中出現了碎形的圖案呢」，或是拿著蕨類的葉子說：「像這樣平凡的自然之中，也隱藏著碎形之美。」等等。以「艾雪　相似性」為關鍵字搜尋圖片，應該都找得到畫家艾雪的幾何藝術絕作。

即使我們不具備這樣的藝術天分，還是可以畫出具備碎形結構之美的畫作。我來介紹一個例子（圖2）。

像這樣繪製三角形，就可以完成一幅美麗的畫作。

這個重複三角形的自相似性所得到的碎形圖形，被稱為**「謝爾賓斯基三角形」**。畫得愈詳細，就可以一直持續地畫出三角形。

我從第1層畫到第6層的三角形大概花了30分鐘。沒有任何一種「消遣」能讓人如此一

圖 1　寶塔花菜與放大圖

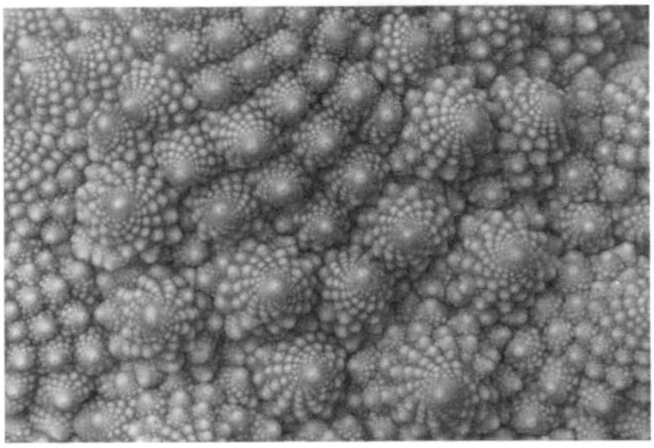

心一意、全神貫注。不過看著成品就讓人很有成就感，應該把這完美的作品拿去向其他人炫耀一番。

圖2　碎形結構的畫法

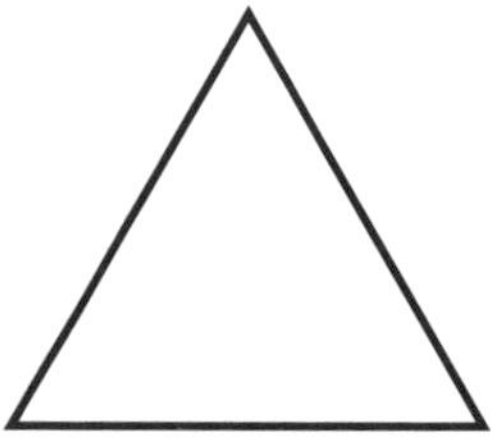

①畫一個大三角形。

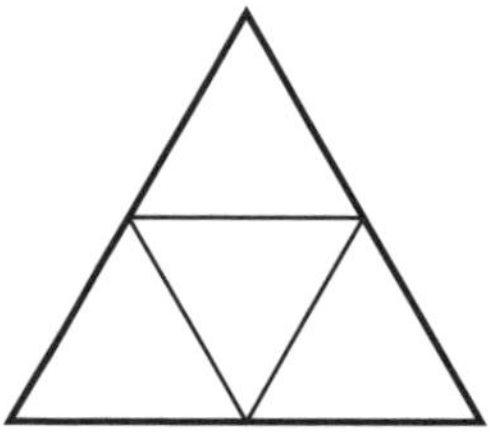

②在大三角形中，畫出3
個正向的正三角形。

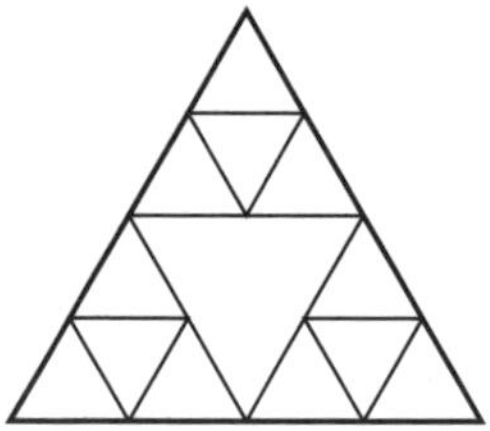

③在各個正向的正三角形
中，畫一個顛倒的三角形。

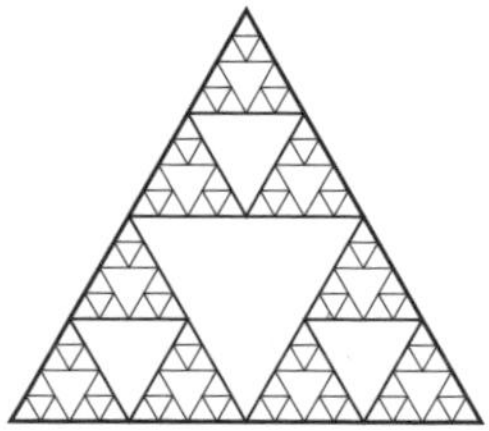

④重複步驟③一直畫下去。

試想一下沒有計算機與算盤的古人是何種心情

不易分辨的羅馬數字Ⅳ、Ⅻ、Ⅷ……是如何誕生的呢？

日本漫畫《黑執事》的卷數排序令人崩潰的趣事，曾在社群網站上引起討論。卷數排序之所以難倒眾人，正是因為作者採用羅馬數字。《黑執事》以19世紀的英國為舞台，而卷數的羅馬數字也確實表現出這套漫畫的世界觀。羅馬數字的確從4、6左右開始就會讓人有些混亂，那麼人類為何要發明這種不易分辨的數字？羅馬數字又是起源自何處？

一般認為，羅馬數字是用來確認日常生活中的數量。例如：古人在算羊隻數量時，就會在木頭上面刻下1道刻痕表示1隻、2道刻痕表示2隻……，並且以數量5為一個區間，使用「V」代表5。而V的前一個數量便記為「Ⅳ」，後一個數量則記為「Ⅵ」（如圖）。然後又以

阿拉伯數字：	1	2	3	4	5	6	7	8
羅馬數字：	I	II	III	IV	V	VI	VII	VIII
	9	10	11	12	13	14	15	16
	IX	X	XI	XII	XIII	XIV	XV	XVI

數量10為一個區間，刻成「Ｘ」記號，前、後一個數量的表示方法也跟５一樣，前面加上一條刻痕便是「Ⅸ＝９」，後面加上一條刻痕則是「Ⅺ＝11」。在各地不同的文明當中，都能見到這種將數數刻記直接文字化的作法。而且還有一點也是各個文明共通的，那就是一併使用文字代表不易標記的大數量。在羅馬數字的系統中，就是以「Ｌ」代表50、「Ｃ」代表１００、「Ｄ」代表５００、「Ｍ」代表１０００。

不過，這種記數方法與漢字記數的萬位或百位有著不一樣的標記規則。例如「９４２」，如果像漢字的「九百四十二」一樣，依照數位記成「ⅨＣⅣＸⅡ」的話還算好懂，但是羅馬數字的標記卻是像下面這樣把把大數字減掉小數字的結果排在一起。

話說回來，《黑執事》的漫畫在２０２０年7月時已發行至29卷。從39卷開始就要注意了。

阿拉伯數字：	50	100	500	1000
羅馬數字：	L	C	D	M

$$
\begin{aligned}
942 &= 900+40+2 \\
&= (-100+1000)+(-10+50)+2 \\
&= CM+XL+II \\
&= CMXLII
\end{aligned}
$$

漫畫《黑執事》的書背

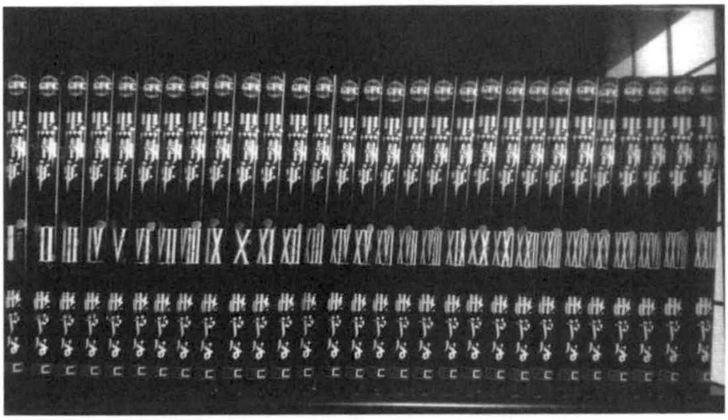

©Yana Toboso/SQUARE ENIX

圖　刻在木頭上的羅馬數字

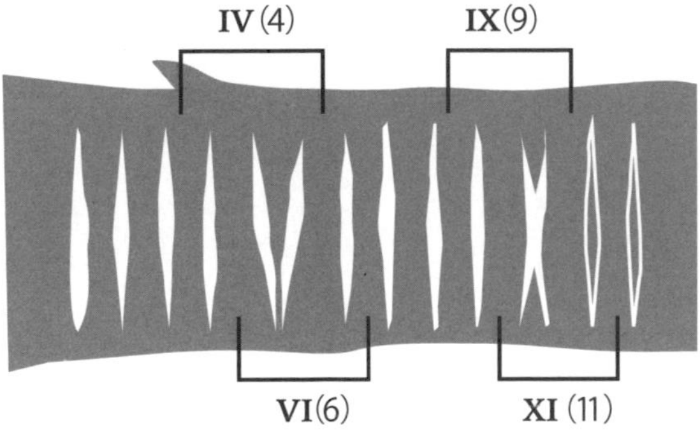

29 → XXIX
39 → XXXIX

40 → XL
41 → XLI

覺得羅馬數字「真的很難看懂」的人，不是只有現代日本的漫畫讀者而已。在12～13世紀，中世紀義大利的數學家費波那契也是其中一人。

費波那契被譽為「中世紀最傑出的數學家」，曾因父親工作的緣故前往阿拉伯地區，並且深深地被阿拉伯數字以及當地的數學吸引，後來更在埃及、敘利亞等國學習數學。

費波那契在著作《算術之書》當中介紹阿拉伯數字的系統，人們因而從羅馬數字改用阿拉伯數字。而其中的緣由，則是因為羅馬數字當中並沒有表示「０」的記號，而且使用前述的記數規則也無法表現出４０００以上的數值。各位試著用羅馬數字來計算，大概就能夠明白為何古人要改用阿拉伯數字。羅馬數字在計算上不僅費時，進行進位或退位等複雜的計算時也相當麻煩。

「麻煩又不方便」正是人們從羅馬數字改用阿拉伯數字的原因。

假如沒有「0」的話……

表示「無」的「0」其實是超乎想像的重大發明

▼0在計算上發揮重要的效果？

各位聽過「0」是數學上的重大發明嗎？多虧有0的存在，讓人類得以表達「什麼都沒有、無法計數的狀態」。因為0的出現，人們才開始能夠在腦海裡想像眼睛看不到的數量，例如：0顆蘋果、剩下0L的水等等。

這個小節就要來介紹更多「0的驚人之處」。

例如：我們在算「803」減「210」時，可以一一計算各個數位，得到數字相減的結果。將3位數的數字排好寫下，就可以分別進行百位數、十位數與個位數的計算，並以筆算的要領得出答案。

不過，如果是計算日文中的漢字數字呢？例如：「八百三減二百十」。這行字看起來是不是很難計算？所以，表示「空位的0」就是另一個「0的重要發明」。

那麼0是怎麼出現在這世界上的呢？就讓我來介紹0的歷史。

在目前發現的文物當中，根據位值原則記數的最古老紀錄，據說是在印度發現的銅板。這塊銅板刻於西元563年，而根據當時的曆法（Chedi Era），銅板上的年份其實是刻成「346」。後來也發現其他刻著數字記錄的銅板，推斷為8世紀至9世紀的產物，其中更有銅板以小圓點來標記空位。而這圓點標記似乎是記述用的記號。

印度人在讀數字時，也會讀出萬、千、百、十等位值，即使在寫成文字時省略了空的位值，他們也會使用圓點記號來表示空位。這種「表示空位的記號」就是印度的0的起源。

我們一般所理解的0的發明，是在6世紀至7世紀時才建立起系統。由於印度開始將記錄用的位值標記數字運用於計算，「空位的記號」也就變成了「數字的0」。7世紀上半葉的天文學書中有關於數學的記述，其中一則演算規律以現代的白話文來說，就是「某數值扣掉相同數值的結果稱為0」。

一般認為這個由印度發明可以標記「空位」與「全無」的圓點記號後來傳到西方，最後便成為了阿拉伯數字的0。

▼日本的0不太一樣？

不過，日本的情況不太一樣。日本除了阿拉伯數字的「0」，還有漢字的「零」。日本人有時將「零」的發音唸成接近中文的「零」，有時唸成接近「無」的英文「Zero」。中國於11至13世紀編纂的字典記載「零」字，意思是「徐徐小雨」。在4世紀左右的算術書籍中，「零」則作為「些微」的意思。直至今日，「零」在生活中依然具有「0＝無」之外的用法，可用來表示「少」、「僅」之意，如：「零碎」。「零並非全無」也是日常生活中常見的用法。例如：在降雨機率當中，「0％（日本人將這裡的0唸成接近中文的零）」是10％以下的機率經過四捨五入才會變成0％，機率「並非全無」。知道漢字「零」具有「些微」的意思，就可以理解為什麼日本人要說「從無開始」，而不是「從零開始」。

最後，是關於人們對於「無的概念」的理解。其實每個人都在很小的時候就萌發「無的概念」。例如：當大人告訴3歲的小朋友可以把手上的糖果都吃光時，有些小朋友剛開始會很開心，但隨著糖果數量愈來愈少，發現手中只剩3顆、2顆時，臉色就開始不一樣，再看著手上的最後一顆糖，眼淚都要滴下來了。

這是因為他們知道只要吃完手上這一顆糖，就再也沒有糖果了，可是他們還是想要繼續吃糖。日常生活中「數量愈來愈少」的經驗總是比「數量增加」的經驗還要多。或許「再也沒有＝0」的這件事對於人類的本能而言，也是一種可怕的感受。

原本開心吃著糖的小朋友突然哭起來的話，也許就是因為他發現了「0」的存在。

你認同嗎？還是無法接受？

「0．333……」乘以3倍的答案不是「0·999……」而是1？

在這本書的最後，我來考考各位。那就是你覺得數學「很有趣」還是「很狡猾」。

①無限循環數字9的小數0·999……等於「1」

各位可以同意這句話嗎？應該也有很多人覺得就像1與0.9並不相等，即使小數點後面接了無限多個9，終究不會是1。這是為什麼呢？大概是因為他們認為1跟0·999……之間還是存在著極小差距「0·000……1」，不是嗎？那麼，我們再看一個問題。

②「1÷3」的結果不是整數，是無限循環數字3的小數0·333……

各位可以接受這句話嗎？想必應該都覺得「當然沒錯」、「沒有異議」。

那麼，接著是關於這個無限循環數字3的小數「0·333……」。

③無限循環數字3的小數0・333……的3倍是無限循環數字9的小數0・999……

這一句話似乎也沒有任何異議吧。那我要來問最後一個問題。

④「1÷3」得到無限循環數字3的小數0・333……，乘以「3倍」以後得到無限循環數字9的小數0・999……是「1」

各位同意這句話嗎？算式如下所示。

當我們想像無限循環9的小數時，就會想到這個小數跟「1」之間有個無限小的差距「0・000……1」，而且我們跨不過這一條界線。但是，數學家卻毫不猶豫地跨過去。

各位應該覺得「這個問題真的很狡猾」、「畢竟是數學，可不能曖昧不清」吧。不過，那就是數學思考的本質所在。而且，我認為那樣的思考還具備了許多讓講究文字的人也能享受數學的要素。

難道各位不想知道更多嗎？

$$1 \div 3 = 0.333\cdots\cdots$$
$$1 \div 3 \times 3 = 0.333\cdots\cdots \times 3$$
$$1 = 0.999\cdots\cdots$$

結語 ～迷上數學的人生將會大有不同～

讀完這本書，各位應該都對數學有所改觀吧。

假如有讓您折服與感動的內容，下一次再遇到時，就請您深入探究一二。

也請您試著與其他人討論這些內容，這樣一定能將那份感受也傳達給對方。

這麼一來，就會發現自己已經是一個可以自由自在玩數學的人。

說起來，我也是因為這樣才迷上數學。

當然了，我曾經也有過迷惘的時期，不曉得該如何與數學共處。

與數學相關的工作或職業非常多種，有「數學研究者」、「資料科學家」，也有「學校或補習班的老師」……。

而我最後選擇的工作，就是成為一位傾力於宣揚數學樂趣的「數學哥哥」。

因為，我認為了解數學對於「身旁的大小事都有幫助」，也可以「運用在人際溝通與交流」，甚至「可以看到世界的另一面」……也就是蘊含著能讓明天過得比今天更開心的力量。

在這世界的每一角落都潛藏著數學的蹤影。

只是，我們卻很少有機會能夠去了解。

今後，我還是會繼續告訴大家更多好玩的數學。

「Twitter是我推廣數學樂趣的管道之一，我會在我的Twitter（@asunokibou）發布推文。各位有興趣的話，請務必來逛逛。

另外，假如各位也有「看了這本書以後產生興趣的內容」、「想要更深入探究的事情」、「發現好玩有趣的數學」，請務必在Twitter發布推文，並且加上標籤「＃ハマる数学」，我也會拜讀各位的推文。

這一次，就交給各位去創造讓更多人迷上數學的機會。

主要參考文獻

『素数ゼミの謎』（吉村仁／文藝春秋／2005年）
『すごいぞ折り紙 入門編：折り紙の発想で幾何を楽しむ』（阿部恒／日本評論社／2012年）
『物語数学史』（小堀憲／筑摩書房／2013年）

正文排版／DTP／圖表　リクリ・デザインワークス
正文插畫　山下以登
編輯協助　塩澤雄二
正文圖片提供　Adobe Stock／フォトライブラリー

■ 作者簡介

橫山明日希

math channel 代表、日本搞笑數學協會副會長。2012 年修畢早稻田大學研究所碩士班學分（理學碩士），專攻數學應用數理。大學在校時便以「數學哥哥」的身分展開活動，將數學的樂趣推廣至日本全國各地，舉辦演講與活動的地點迄今已超過 200 處。2017 年於國立研究開發法人科學技術振興機構（JST）所舉辦的科學市集當中獲得科學市集獎。著有《生活萬事問數學》（楓葉社）、《笑う数学》（KADOKAWA）、《算数脳をつくる　かずそろえ計算カードパズル》（幻冬社）等書籍。

為什麼1ℓ鮮奶實際上只有946mℓ？
用數學解開日常生活中的種種謎團

出　　版／楓葉社文化事業有限公司
地　　址／新北市板橋區信義路163巷3號10樓
郵政劃撥／19907596 楓書坊文化出版社
網　　址／www.maplebook.com.tw
電　　話／02-2957-6096
傳　　真／02-2957-6435
作　　者／橫山明日希
翻　　譯／胡毓華
責任編輯／王綺
內文排版／楊亞容
校　　對／邱怡嘉
港澳經銷／泛華發行代理有限公司
定　　價／350元
初版日期／2023年4月

國家圖書館出版品預行編目資料

為什麼1ℓ鮮奶實際上只有946mℓ？：用數學解開日常生活中的種種謎團 / 橫山明日希作 ; 胡毓華譯. -- 初版. -- 新北市：楓葉社文化事業有限公司, 2023.04　面；　公分

ISBN 978-986-370-527-7（平裝）

1. 數學 2. 通俗作品

310　　112001982